东海区日本鲭
繁殖生物学特征研究

李建生 等 著

中国农业出版社
北　京

内容简介

本书以东海区三省一市日本鲭渔业统计数据为基础，分析了东海区日本鲭捕捞产量、资源量指数和群体结构年代际变动之间的关系；以日本鲭鱼卵仔鱼大面积调查数据为基础对东海中南部日本鲭产卵场的划分展开讨论并与历史结果进行比较研究；同时，利用日本鲭繁殖群体的年龄鉴定、繁殖力计数、卵径测定等生物学测定数据研究了其年龄与生长特征、繁殖力现状、年龄与繁殖力和卵径的关系、繁殖特征的长周期变化。在上述研究的基础上，分别提出了东海区日本鲭的保护措施和渔业管理建议。本书可以作为科研院所和大中专院校今后开展东海、黄海日本鲭相关科学研究的参考资料，同时也可以为政府管理部门在东海区开展日本鲭限额捕捞和制定总可捕捞量（Total Allowable Catch，简称TAC）管理政策提供重要参考依据。

著 者 名 单

李建生　严利平　胡　芬　周翰林

日本鲭（*Scomber japonicus*）也称鲐鱼、青花鱼、白腹鲭，隶属鲈形目、鲭科、鲭属，广泛分布于热带和亚热带地区的太平洋、大西洋和印度洋大陆架海域，为大洋暖水性中上层洄游鱼类。随着中国近海底层鱼类的严重衰退，中上层鱼类资源的开发强度逐渐加大。日本鲭由于资源量较大，在生殖和越冬季节具有长距离洄游的特性，并且其产卵场、索饵场和越冬场分布于东海和黄海各海域，还是东海、黄海、渤海地区以及其他沿海地区的重要捕捞对象。

中国自 20 世纪 70 年代机轮围网试验成功后，开始正式加入东海、黄海日本鲭的捕捞队伍，商业捕捞历史至今已有 50 多年。日本鲭是中国沿海最重要的中上层鱼类之一，以东海、黄海的资源量较大，因此成为我国重要海洋经济鱼类和重点海洋捕捞种类，同时也是日本和韩国的重要捕捞对象。20 世纪 80 年代以后，随着中国近海底层鱼类资源的衰退，作为主要中上层鱼类资源的日本鲭捕捞产量开始持续上升。

日本鲭作为东海区最重要的中上层经济鱼类，自 2010 年开始其年产量达 30 万 t 以上，2011 年达到高峰值 37.75 万 t，其后 8 年虽然略有下降，但仍然在高位水平徘徊，它的渔业产量高低对东海区海洋渔业生产具有重要的意义。虽然目前东海区日本鲭的年产量位于高位水平，但随着对该资源群体的持续高强度开发，从 20 世纪 90 年代后期开始东海区的日本鲭就已经表现出资源量明显的缩减、渔获量波动较大、群体低龄化、性成熟提前等严峻生物学现象。这说明了面对高强度的捕捞压力，日本鲭通过调节自身生物学特征如减小卵径、增加相对繁殖力、性成熟提前等来维持种群数量。在此渔业和生物学背景下，该资源群体能否维持种群的延续和稳定是我们迫切需要了解的问题，而研究该问题的关键首先就是掌握其繁殖群体的年龄组成结构、性比、性腺成熟度、怀卵量等基础生物学特征。

中国水产科学研究院东海水产研究所渔业资源研究室自 20 世纪 50 年代以

来长期跟踪监测东海区日本鲭的资源和群体结构变动情况，开展了大量的日本鲭生物学采样测定工作，积累了丰富的生物学数据。作者自 2000 年工作以来，在老一辈"资源人"工作基础上，持续关注东海区日本鲭的资源评估和生物学采样测定工作，尤其是 2010 年以后，在日本鲭的主要繁殖期和产卵场进行定期采样工作，加强了对日本鲭繁殖群体生物学特征的研究。本书主要从东海区日本鲭资源变动、产卵场分布、繁殖群体年龄结构组成、繁殖力现状及生物学特征长周期变化方面开展了研究。上述研究工作的开展对于了解日本鲭资源的补充特征和规律，进一步准确估算其资源量和可捕量、研究并制定最佳可捕标准、制定日本鲭的保护措施等都具有现实意义，在此基础上可以为重要海洋中上层经济鱼类管理政策的制定提供科学依据。

限于作者的水平，书中内容与观点难免有不足和疏漏之处，恳请专家和读者批评指正。

著　者

2023 年 9 月

目录

前言

第一章 日本鲭种群生态学及繁殖生物学研究现状与展望

繁殖生物学是鱼类生活史研究的重要组成部分，对资源保护及开发利用具有重要意义（Helfman，2008）。种群是资源开发利用和管理的对象，对其鉴定的目的在于获取管理单元，并借此减少模型评估中的不确定性以改善资源管理的不足（National Research Council，1998）。日本鲭（*Scomber japonicus*）也称鲐鱼、青花鱼、白腹鲭，俗称花鲲、油筒鱼、青占、鲐巴鱼、鲐鲅鱼、青花鱼，隶属鲈形目（Perciformes）、鲭科（Scombridae）、鲭属（*Scomber*），广泛分布于热带和亚热带地区的太平洋、大西洋和印度洋大陆架海域（Li et al.，2014），为大洋暖水性中上层洄游鱼类，栖息水深从表层至 300 m，我国渤海、黄海、东海、南海均有分布。日本鲭体型呈纺锤状，背部淡绿色，腹部银灰色（图 1-1）。

图 1-1 东海区日本鲭

本章从日本鲭种群生态学和繁殖生物学的研究现状，总结了目前国内外日本鲭种群生态学及繁殖生物学特征的研究进展，并对日本鲭的种群划分和性腺等级划分方法提出了建议，以期为今后日本鲭种群生态学和繁殖生物学研究及渔业管理提供参考依据。

第一节 日本鲭种群生态学研究进展

由于日本鲭种群分布广泛而海洋领域缺乏天然的物理屏障，种群间的基因流动频繁，导致不同鲐属鱼类种群杂交现象较显著（Deniz et al.，2009）。日本鲭群体在迁移行为和外形特征上存在很大的差异性，可能是因为在没有物理障碍或地理距离很远的情况下，鲐属鱼类会基于产卵行为、自我补充和幼体在近岸时滞留机制的细微差异进行种群适应性调整，因此在其种群结构上表现出差异（Knutsen et al.，2003）。而只有正确地划分和了解种群结构才能合理地利用并管理日本鲭资源（邓景耀等，1991）。

一、日本鲭种群划分

邓景耀等（1991）以标志放流结果为依据，把东海和黄海的日本鲭划分为 3 个群系：东海西部群系、五岛西部群系和闽南-粤东地方群系。20 世纪 70 年代，日本学者依据鱼卵仔鱼数据将西北太平洋（中国东海）的日本鲭划分为对马暖流群体和太平洋群体（西海区水产研究所，2001）。丁仁福等（1987）依据标志放流结果认为五岛西部群和东海西部群的日本鲭同属于东海群系。刘楚珠等（2011）通过框架法判定东海、黄海日本鲭繁殖群体形态差异明显，也认定中国东海、黄海存在多个日本鲭种群。刘尊雷等（2018）通过分子遗传学技术佐证了丁仁福的假说。结合中、日学者对于东海日本鲭的研究，笔者认为东海共有 2 个日本鲭种群：闽南-粤东近海地方群系和东海群系。

张仁斋等（1981）依据标志放流结果将南海北部的日本鲭分为三个群系：粤东群系、珠江口外海群系和清澜外海群系。而严利平等（2012）认为南海北部的群体位于闽南-粤东海域，应归属于闽南-粤东近海地方群系。由于日本鲭表现出高度洄游行为、较大的种群规模和高扩散潜力，这些特点可以合理解释南海北部和东海的日本鲭具有高度相似的遗传同质性和相似的生物学特征（Cheng et al.，2015）。

Weber 等（2012）根据脊椎学特征和生理特征认为东北太平洋存在 3 个不同的日本鲭种群：一个在加利福尼亚湾，一个在下加利福尼亚州的卡波圣卢卡斯附近，还有一个种群是从加利福尼亚州蒙特利湾到下加利福尼亚州蓬塔阿布雷霍斯。

Zardoya 等（2004）于 2000 年对地中海日本鲭利用分子遗传分析发现地中海和大西洋的日本鲭种群之间有广泛的基因流动，地中海日本鲭种群表现出一定程度的遗传分化，并沿东西轴排列，东地中海（希腊、意大利）与西地中海（西班牙巴塞罗那）的日本鲭种群明显分离，西地中海与东大西洋种群形成了一个随机交配群体。Deniz 等（2009）用形态学和分生组织分析法发现地中海东北部（安塔利亚湾-伊斯肯德伦湾）和北部（包括爱琴海、马尔马拉和黑海）存在两个日本鲭种群。

对于日本鲭群系的划分，早期研究者们通过日本鲭的生物学、生态学、洄游路线等的差异进行其种群的划分研究（丁仁福等，1987；李纲等，2011；汪伟洋等，1983），后来逐渐加入了分子遗传分析和生物化学分析等手段进行种群划分（邓景耀等，1991；刘尊雷等，2018；严利平等，2012）。目前国内外对日本鲭种群遗传研究主要集中在中国沿岸及近海日本鲭种群遗传关系，而中国学者对于日本鲭种群划分的方法较多，不仅仅局限于分子遗传层面，因此种群划分的结果也是不同的。

二、环境因子对日本鲭群体影响

海洋环流对日本鲭幼体的扩散和存活有重要的影响，水温和海水分层以及湍流都会直接影响它的扩散、生长和死亡率。海表温度、海面高度和海表盐度更是影响日本鲭资源丰度变动的关键因子，例如在一定温度范围内，温度越高，其资源量越高，超出该温度范围，温度越高，其资源量越低。日本鲭的中心渔场往往出现在冷水团和暖水团交汇且靠近暖水团一侧海域（李纲等，2009），例如黑潮通过提高海水温度和盐度的变化来影响海洋生物群体生存环境，为日本鲭提供了生长、繁殖、洄游等有利条件（韩振兴等，2015）。有研究表明，厄尔尼诺现象和拉尼娜现象是鲐属鱼类群体数量减少的因素之一（Caramantin et al.，2009），但是不同厄尔尼诺现象和拉尼娜现象强度的影响也是不同的。在太平洋，强烈的厄尔尼诺现象会减少日本鲭的栖息地，中度的厄尔尼诺现象却会增加日本鲭的栖息地，这些环境因素的影响随着每个异常事件的类型、强度以及形成和结束时间的不同而不同（Yu et al.，2018），这种现象表明不同强度的厄尔尼诺现象对日本鲭栖息地环境的影响较为复杂，取决于每年渔场的环境变异性。苏杭等（2015）在对东黄海的日本鲭栖息地分布研究中发现，日本鲭种群在8—11月海表温度变化时，种群都会有一定距离的向北移动趋势，并且伴随而来的是种群栖息面积不断缩小。宋立明等（2020）在对毛里塔尼亚海的日本鲭种群与环境因素研究中发现海表面温度对日本鲭单位捕捞努力量的影响最显著，其次是温盐度的交互作用和海表面盐度，但叶绿素 a 浓度对其无显著影响。这意味着，日本鲭种群对于季节性变化及环境条件的变化极为敏感。因此，对该种群管理策略的制定应该是季节性的（Lee et al.，2018）。

三、日本鲭生长摄食特点

日本鲭早期生活史的特征是生长速度快、游泳能力强、新陈代谢旺盛（Hunter，1980）。仔鱼在最初的 10～15 d 生长缓慢，直到达到 6～7 mm，随后迅速增长，此时水温越接近于 20 ℃对日本鲭仔鱼的生长越有利。当仔鱼在 20 d 内达到 15 mm 时，蜕变为稚鱼。根据成体鳍棘条计数，仔鱼在孵化后 16～24 d 内转化为平均大小为 15 mm 的稚鱼，并在长到 18.9～24.6 mm 时完成骨化过程（Kim et al.，2008）。4 月种群的增长率是衡量年丰度的重要指标，仔鱼所处的海面温度与其平均日生长率之间存在显著的相关关系，Kamimura 等（2015）对西北太平洋的日本鲭种群研究发现，4 月水温越高，太平洋日本鲭的生长速度越快，仔鱼期越短。

日本鲭在幼体阶段生长速度快的原因还与消化道的早熟密切相关（Park et al.，2015）。并且随着体长的增加捕食对象也倾向于选择大个体的海洋生物（Hunter，1980）。在仔鱼阶段初次摄食时，摄食率和摄食强度还会受光照强度的影响。唐峰华等（2020）研究证明日本鲭摄食强度不仅与个体大小有关，而且随着个体的增大其摄食的种类会先增加后减少。随着光照强度的增加，在消化道内出现食物的幼鱼数量增加（Hwang et al.，2010）。

不同海域日本鲭群体的食性也有差异。20 世纪 90 年代，邓景耀等（1991）发现黄海日本鲭群体主食浮游生物，同时又是兼性捕食，东海南部的日本鲭以捕食浮游甲壳类为主，而南海北部的日本鲭则以海底沉积物和浮游动物为食。非洲大陆架西北部的日本鲭食物以龙虾和糠虾为主（Castro，1993）。唐峰华等（2020）发现日本东部太平洋公海海域的日本鲭胃含物以虾类、鱼类和桡足类为主;而森脇晋平等(2012)发现日本海西南沿岸海域日本鲭的胃含物主要以鳀(*Engraulis japonicus*)、甲壳类和海鞘类为饵料。

日本鲭作为一种长距离洄游鱼类,由于受洋流等因素的影响,其食性特征具有一定的地理变化(Li et al.,2014)。因此,对于日本鲭的食性也需要按群系进行周期性监测以探明日本鲭食性的变化趋势。

第二节 繁殖生物学研究进展

据联合国粮食及农业组织报道,全世界日本鲭产量较高,是重要的海洋经济鱼类之一(Bruce et al.,1985)。日本鲭的寿命短、繁殖力高(Alheit et al.,2002),这些生物学特性使它们对环境变化高度敏感,其种群丰度变化极大(Caramantin et al.,2009)。随着中国近海底层鱼类的严重衰退,中上层鱼类资源的开发强度逐渐加大,日本鲭不仅是围网和敷网的主要捕捞目标,而且也是其他渔具的主要兼捕种类。面对高强度的捕捞压力,日本鲭通过调节自身生物学特征如减小卵径、增加相对繁殖力、性成熟提前等,来维持种群数量(李建生等,2015a)。李建生等(2014a,2014b,2015b,2020)对东海、黄海的日本鲭群体的生物学特征研究发现,日本鲭群体虽然趋于低龄化,但其通过繁殖策略的调整依然能够提供稳定的渔业产量。同时,Wataru等(2020)发现日本鲭由于繁殖能力强,还可以作为资源匮乏的海洋鱼类物种胚胎移植的载体,从而间接达到保护该物种的目的。我国从20世纪50年代开始,便有对日本鲭繁殖策略的研究,例如繁殖力、产卵场、繁殖期等(邓景耀等,1991;汪伟洋等,1983;李建生等,2014c)。人工养殖对于解决日本鲭繁殖阶段体内能量转换的问题很有意义,Shiraishi等(2005)便通过人工养殖获得了日本鲭繁殖信息。目前国外学者关注日本鲭的产卵频率,从细胞角度对日本鲭的产卵策略展开研究(Dickerson et al.,1992;Yamada et al.,1998);国内学者倾向从环境因素对日本鲭繁殖群体分布、繁殖生物学特征的年代际变化等的影响展开研究。

一、繁殖季节及产卵场环境条件

影响鱼类产卵场分布的因素较多,如海水温盐度、深度、海流(郑元甲等,2003)。鱼类早期生活阶段是鱼类生命周期中最脆弱的时期,外界环境的变化对其分布影响较大,幼鱼时期的生长与存活是补充种群结构和数量的基础(高彦洁,2016;陈大刚,1997)。渔获量统计分析是了解产卵场分布的有效方法,Ryuji等(2009)利用渔获量统计和生物特征数据估计了东海日本鲭和澳洲鲐(*Scomber australasicus*)的产卵场,并且解析产卵场生境适宜性及其对环境变化的响应,对于资源的保护具有重要意义。

日本鲭一般选择每年3—6月批量产卵。但是由于不同水域海洋环境条件的差异性,造成了不同海域的日本鲭繁殖时间不同。闽东、浙江中南部附近海域每年3—5月出现日本鲭产卵群体,说明此时东海群系日本鲭开始产卵,产卵盛期为3—4月(李建生等,2014a)。对马海流种群的产卵场在台湾北部海域,产卵期为2—6月(Ryuji et al.,

2009）。台湾海峡的日本鲭群体在每年春汛期3—5月产卵（Lee et al.，2018）。浙江中南部近海日本鲭在每年4—6月产卵（宋海棠等，1995）。粤东和珠江口的日本鲭群体产卵季节一般是2—5月，表层水温一般在22～27℃。在粤西，每年的2月和7—8月均有日本鲭产卵群体，其中2月表层水温为22～23℃，7—8月的表层水温为28～30℃（邓景耀等，1991）。亚得里亚海东部的日本鲭在5—8月产卵（Cikeš K et al.，2012）。阿根廷沿海的日本鲭繁殖季节一般为春季和初夏，温度记录为16～18℃（Ricardo et al.，2001）。太平洋的日本鲭产卵季节一般为3—5月，而南加州海湾日本鲭产卵高峰期为4月，温度约为15.5℃；加利福尼亚州日本鲭产卵高峰期为8月，位于墨西哥蓬塔尤金尼亚附近，温度为20℃或更高（Weber et al.，2012）。

韩国南部的日本鲭主要栖息在朝鲜半岛周围水域，并把这里当成越冬场和产卵场（Yoon et al.，2008）。产卵季节过后，日本鲭迁徙到靠近朝鲜半岛东部附近的索饵场，索饵活动通常会持续到11月，然后返回韩国东部海域的越冬场（Lee et al.，2018）越冬。太平洋亚种群产卵场大多聚集在伊豆群岛附近的水域或稍微向北的地方（Yuji，1990）。浙江中南部近海的日本鲭产卵场主要在南北麂山、披山、大陈岛以东海域（宋海棠等，1995），海水表层温度为18.40～24.51℃、表层盐度为31.72～34.84。在台湾海峡附近越冬的日本鲭产卵场主要在崇武至闽江口近海水深40～60 m的海域（汪伟洋等，1983），海水温度19.5～24.7℃，盐度33.9～34.5（颜尤明，1997）。在东海中南部外海越冬的日本鲭群体则分成了3个群体在不同地点产卵：一个产卵群体在南部外海越冬场就近产卵；另外一个群体在鱼山、温台和闽东渔场产卵；还有一个群体则在鱼外和舟外渔场产卵（李建生等，2020），5月海水温度为20.8～24.2℃时每天产卵，而这3处产卵场都属于高盐环境。

综上所述，由于各种群体的日本鲭性腺成熟的时间不一样，产卵场附近的环境条件如温盐度等影响了日本鲭产卵群体对于产卵场的选择。不同海域存在环境条件、温度条件等差异而使得产卵时间改变，可见盐度和温度可能是控制日本鲭对产卵场和产卵时间选择的重要因素。

二、繁殖群体特征

（一）性比

日本鲭繁殖群体的雌雄性比随个体大小、年龄和年代的不同而有所变化。Cikeš等（2012）发现亚得里亚海东部日本鲭的性比呈现出季节性变化：4—9月，雄性和雌性的比例几乎相等，而11月和3月的差异最大。戴澍蔚（2018）发现北太平洋日本鲭群体夏秋季的雌雄比会略高于冬春季，总体上雌性数量占优势。温台渔场日本鲭产卵群体中，叉长340 mm及其以下个体的雌雄比基本符合1∶1的性比关系；叉长340 mm以上个体中，雌鱼显著多于雄鱼（李建生等，2015a）。从20世纪60年代到21世纪初期，东海中部日本鲭的雌雄性比呈现升高的趋势（李建生等，2014a）。

日本鲭作为一种分批次产卵鱼类，雌鱼在繁殖期间会多次产卵以此补充群体丰度，因此日本鲭群体雌性数量多于雄性也可能是一种维持种群数量的手段。

（二）繁殖力和性腺指数

鱼类繁殖力及繁殖潜力的计算是资源评估的重要环节，个体鱼的年繁殖力决定了种群的繁殖补充量。随着温度变化，日本鲭会通过改变卵径大小、相对繁殖力、产卵期以及摄食条件来影响繁殖潜力，由此可见产卵前和产卵期间的温度条件也可能通过影响卵的数量和质量来控制补充数量。不同海域的日本鲭繁殖力和性腺指数也有差异（刘楚珠，2011），例如，东海中部的日本鲭平均繁殖力和性腺指数低于黄海北部的日本鲭（李建生等，2014a；李建生等，2014b），但高于台湾海峡中部的日本鲭产卵群体（李建生等，2014c）。Techetach 等（2019）在研究大西洋日本鲭卵母细胞组织学中也发现，不同种群的日本鲭相对繁殖力是有差异的，Cikeš 等（2012）在研究雌性日本鲭产卵群体时发现，其产卵量与叉长、总重和卵巢重呈极显著的指数正相关（$P < 0.05$）。

在日本鲭群体中，无论雌鱼还是雄鱼，排卵（精）前的性腺指数都随着性腺的发育而呈现增加趋势，总体来说雌性的性腺指数是高于雄性的。在对亚得里亚海东部的日本鲭研究时，Cikeš 等（2012）发现雄性在产卵高峰期占优势，雌性在生殖周期的剩余时间占优势，他们认为日本鲭繁殖群体中雌性的性腺指数平均值是高于雄性的；瞿俊跃等（2020）在研究同属鲭科中上层鱼类的蓝点马鲛（*Scomberomorus niphonius*）时，也证实了这一点。

（三）最小性成熟个体大小

郑元甲等（2014）发现从 20 世纪 60 年代起至 21 世纪初，东海区日本鲭种群低龄化、小型化现象明显，黄海和东海日本鲭性成熟个体年龄一般为 2 龄，少数个体在 1 龄即可达性成熟。但有关资料表明，日本鲭性成熟开始时间不是由年龄而是由体长决定的，个体生长速度越快，其达到性成熟的时间越早（邓景耀等，1991）。在黄海，日本鲭初次性成熟的叉长一般为 250 mm（邓景耀等，1991）；亚得里亚海东部（Cikeš et al.，2012）的雄性和雌性日本鲭个体，叉长分别为 204 mm 和 168 mm 时即达到性成熟；东海海域的日本鲭群体自 20 世纪 60 年代起至 21 世纪初，雌性最小性成熟叉长从 292 mm 缩小到 248 mm，雄性最小性成熟叉长从 290 mm 缩小到了 250 mm（李建生等，2015b）；台湾海峡中部的日本鲭雌鱼最小性成熟叉长为 225 mm，雄鱼最小性成熟叉长为 221 mm（李建生等，2014c）。此外，日本鲭个体的繁殖力与叉长、性腺质量和鱼体总质量之间呈幂相关。20世纪 50 年代，烟台外海的日本鲭体重达到 200 g 时才性成熟（邓景耀等，1991）。20 世纪 70 年代，在东海南部发现叉长 190 mm 就已达到初次性成熟的日本鲭个体（郑元甲等，2014）。对比后发现日本鲭种群在高强度捕捞压力下，其性成熟年龄提前以及性成熟时个体减小。

第三节　日本鲭种群和繁殖生物学研究展望

一、关于日本鲭种群划分的不足与展望

自中日韩三国渔业协定生效以后，各国对于东海、黄海公共管理区域的资源分配等问题倍加关注，因此开展对日本鲭等重要经济鱼类的种群划分研究尤为重要。从 20 世纪中

后期开始就有学者利用形态学判别分析方法对鱼类种群划分进行研究。目前对于种群鉴别较为先进并容易实施的方法主要有分子遗传学、鱼类框架形态、稳定同位素、可记忆式标志放流等（Ruzzante et al.，1999；Young et al.，2015；Finger et al.，2015；Liu et al.，2016；陈芬芳，2017）。

对于东黄海的日本鲭群体，有学者使用形态学和框架法进行群系区分时发现，有些群体形态上并无差别，但对其进行遗传分析却是两个群体（刘楚珠，2011；邵锋等，2008a；邵锋等，2008b）。因此，笔者认为仅以单一的方法去判别日本鲭种群是不够严谨的，应该先根据不同海域日本鲭渔获数量和产卵场分布初步分析，然后在不同海域采样进行形态学差异分析，最后利用分子遗传学的技术进行种群判断划分，才能得出更准确的结论。

二、关于日本鲭繁殖生物学特征研究的不足与展望

目前大多数中国学者是通过观察卵的大小、颜色、占卵巢体积的比例来划分日本鲭性腺等级，这种方法虽然也有理论基础，但是过于依赖鉴定者的主观意见。日本鲭属于分批产卵鱼类，产卵频率跟幼鱼的存活率和生长速率呈显著相关的关系，产卵频率低会降低受精卵在孵化期间的性能（Soofiani et al.，2013），卵子的产生对繁殖潜力和繁殖是否成功具有决定性影响。精确划分性腺发育等级对确定日本鲭产卵类型、研究日本鲭在繁殖期间的产卵频率等起到重要辅助作用，确定经济鱼类的产卵类型对于保护其繁殖群体尤为重要，而卵巢细胞组织切片法能精确鉴别卵巢发育时期（Lowerre et al.，2011）。由于日本鲭性腺等级划分不够严谨，对其制定保护措施也会较为困难，因此建议以后对日本鲭性腺划分等级时应采用细胞组织切片法，并且可以根据细胞组织切片确定日本鲭最小性成熟卵径大小等，为日本鲭繁殖生物学研究提供参考。

在研究日本鲭的繁殖特性时，为了计算怀卵量会对雌性日本鲭卵巢内所有的卵进行统计。然而并不是每个卵子都具有活性，卵子存活率也应该是研究繁殖特性时的重要指标之一。为了更准确地得到日本鲭繁殖信息，应不间断地检测记录一批日本鲭从卵生时期直至死亡的信息。但是由于客观干扰因素过多，此项工作较难完成，所以这是目前研究日本鲭繁殖生物学时不够严谨的地方。在今后做日本鲭繁殖特征研究时，需要考虑针对不同海域采集更多批次和更多年份的日本鲭样品数据，这样才能更全面地了解其繁殖特性。

随着全球海洋底层鱼类资源的日趋衰退，海洋渔业所面临的形势更加严峻。中上层鱼类由于生长速度快、繁殖能力强大，因此资源量比底层鱼类更加稳定，其渔业生产将日显重要。鱼类繁殖生物学是渔业生产和管理不可或缺的科学依据。因此，日本鲭作为中上层鱼类的重要种类之一，加强其繁殖生物学研究具有十分重要的现实意义。

第四节　日本鲭等重要中上层鱼类生物学研究的发展前景

一、加强海洋中上层鱼类资源生物学研究具有重要的现实意义和积极作用

目前东海区日本鲭的年产量约占海区海洋捕捞总产量的 20% 以上，与底层鱼类资源

相比较，中上层鱼类资源量相对较为稳定，而且海洋底层和近底层鱼类资源正在日趋衰退，海洋捕捞业所面临的形势日趋严峻，中上层鱼类渔业将日显重要。鱼类资源生物学也是渔业生产和管理不可或缺的科学依据。因此，加强日本鲭等海洋中上层鱼类资源生物学研究具有十分重要的现实意义。合理利用重要中上层经济鱼类资源比修复衰退了的主要底层经济鱼类资源更为省事而且省力，应当先行而务实地做好该项工作。

二、强化渔业资源生物学研究的协作和统筹工作

历史事实告诉我们，半个多世纪以来，东海区海洋渔业几次开展协作统一调查和研究都取得了显著成效，如20世纪60年代初的"全国海洋普查"项目（渔业资源调查是其组成部分）、"东海、黄海鲐鲹渔场的探查和光诱围网的捕捞试验"、70年代的"东海外海底层鱼类资源季节性调查"和"东海区中上层鱼类资源调查"项目、80年代的"全国渔业自然资源调查和区划"项目，以及20世纪末到21世纪初的"海洋生物资源补充调查及资源评价"等项目。这些调查资料和研究成果均为后人经常引用，并在渔业生产和管理中发挥了重大的作用。可令人遗憾的是还有不少渔业上很重要的项目尚未开展统一调查和研究，如重要经济鱼类的种群鉴别和划分、产卵场和资源补充机制的调查研究、东海、黄海主要经济鱼类越冬场的调查和研究、环境因子和饵料基础与鱼类资源补充量和资源量的关系等项目。虽然有些课题已开展研究，并发表了一些相关的论文，但还缺乏协作和统筹。建议将上述项目列为海洋专项，在全海区范围内进行分工、协作和统筹，尤其是要对所获取研究素材的真实性和代表性问题进行统一规范，例如鱼类种群研究的样品一定要取自不同产卵群体的亲鱼，样品数量至少要达到统计学上的最低标准，取样的地点和时间必须准确无疑。其研究方法应采用形态学、生态学和分子生物学等多学科综合分析方法开展研究。以往研究渔获物年龄组成的样品时常缺少高龄鱼或高龄鱼的比例很低，所以开展产卵场和越冬场调查时应同时使用底拖网、变水层拖网和不同网目尺寸的流刺网，以便获得较大个体的高龄鱼，使研究的样品能较为客观地反映自然群体的结构组成。研究项目要留有充分的时间和足够的人力进行细致的分析和总结，尽量发挥调查研究素材的潜在性能及其应有的作用。

三、积极扶持前瞻性研究项目，对重大的基础性和常规性课题要持续性地开展研究

前瞻性项目对渔业具有重大指导意义，并将产生巨大的作用。例如，全球气候变暖、人类活动和环境污染对渔业影响及其对策，对重大渔业政策和管理措施作用的评价等都是具有前瞻性的项目，应当给予积极的扶持。对于主要捕捞对象种群鉴别和资源补充机制等基础性研究项目也要做深、做细。对于渔业资源和环境动态监测以及人工增殖放流等常规性课题都要长期进行。这些渔业常规工作正如气象监测一样，时间长久就会显现其重要功效。中上层经济鱼类增殖放流工作以往做得很少，今后更应积极开展。还有日本鲭等中上层经济鱼类都可以陆续开展人工繁育，为今后开展增殖放流工作打下基础。

四、制定和实施切合中国国情的渔业管理措施

中国目前的渔业管理措施不少，但是有些措施如网具的最小网目尺寸、渔获物幼鱼比例和渔船功率（hp）控制指标等尚未能如实地实施，给渔业资源造成超强的捕捞压力。中国伏季休渔效果显著，人工鱼礁和海洋牧场也已初显成效。应当全面总结渔业资源养护和管理的经验和教训，深入制定和实施切合中国国情的渔业管理措施，如严格执行和进一步完善伏季休渔制度，全面规划人工鱼礁和海洋牧场建设等。渔业资源生物学资料是做好渔业管理重要的科学依据之一，所以在制定和实施切合中国国情的渔业管理措施的同时，也要做好渔业资源生物学的研究工作。

参 考 文 献

陈大刚，1997. 渔业资源生物学 [M]. 北京：中国农业出版社：29.

陈芬芳，2017. 日本鲭种群遗传结构与演化历史分析 [D]. 上海：上海海洋大学.

戴澍蔚，2018. 北太平洋公海日本鲭基础生物学特征及其渔场时空动态 [D]. 上海：上海海洋大学.

邓景耀，赵传纲，1991. 海洋渔业生物学 [M]. 北京：中国农业出版社：413-452.

丁仁福，俞连福，颜尤明，1987. 鲐鱼·东海区渔业资源调查和区划 [M]. 上海：华东师范大学出版社：392-401.

高彦洁，2016. 莱州湾海域鱼卵仔稚鱼群落结构初步研究 [D]. 上海：上海海洋大学.

韩振兴，陈新军，2015. 黑潮对东海鲐鱼渔场分布的影响 [C].//中国海洋学会. "一带一路" 倡议与海洋科技创新-中国海洋学会 2015 年学术论文集. 中国海洋学会：中国海洋学会，6：297-302.

李纲，陈新军，2009. 夏季东海渔场鲐鱼产量与海洋环境因子的关系 [J]. 海洋学研究，27 (1)：1-8.

李纲，陈新军，官文江，2011. 东黄海鲐鱼资源评估与管理决策研究 [M]. 北京：科学出版社：15-26.

李建生，胡芬，严利平，2014c. 台湾海峡中部日本鲭产卵群体生物学特征的初步研究 [J]. 应用海洋学学报，33 (2)：198-203.

李建生，胡芬，严利平，等，2014a. 东海中部日本鲭（Scomber japonicus）产卵群体繁殖力特征 [J]. 渔业科学进展，35 (6)：10-15.

李建生，严利平，胡芬，等，2014b. 黄海北部日本鲭繁殖生物学特征的年代际变化 [J]. 中国水产科学，21 (3)：567-573.

李建生，严利平，胡芬，等，2015a. 温台渔场日本鲭的繁殖生物学特征 [J]. 中国水产科学，22 (1)：99-105.

李建生，严利平，胡芬，等，2015b. 东海日本鲭繁殖群体生物学特征的年代际变化 [J]. 中国水产科学，22 (6)：1253-1259.

李建生，严利平，胡芬，等，2020. 基于鱼卵仔鱼数据的东海中南部日本鲭产卵场分析 [J]. 海洋渔业，42 (1)：10-19.

刘楚珠，2011. 东黄海日本鲭产卵群体差异性比较研究 [D]. 上海：上海海洋大学.

刘楚珠，严利平，李建生，等，2011. 基于框架法的东黄海日本鲭产卵群体形态差异分析 [J]. 中国水产科学，18 (4)：908-917.

刘尊雷，马春艳，严利平，等，2018. 东海中南部日本鲭种群分析 [J]. 海洋渔业，40（5）：531-536.

瞿俊跃，方舟，陈新军，2020. 基于线性混合模型的蓝点马鲛叉长体重生长关系的月间及性别差异 [J]. 中国水产科学，27（8）：1-10.

邵锋，陈新军，2008b. 东、黄海鲐鱼群体遗传差异的 RAPD 分析 [J]. 广东海洋大学学报，18（3）：83-87.

邵锋，陈新军，李纲，等，2008a. 东、黄海鲐鱼形态差异分析 [J]. 上海水产大学学报，17（2）：204-209.

宋海棠，丁天明，1995. 浙江渔场鲐鱼（*Scomber japonicus*）蓝园鲹（*Decapterus maruadsi*）不同群体的组成及分布 [J]. 浙江水产学院学报，14（1）：29-35.

宋利明，许回，陈明锐，等，2020. 毛里塔尼亚海域日本鲭时空分布与海洋环境的关系 [J]. 上海海洋大学学报，29（6）：868-877.

苏杭，陈新军，汪金涛，2015. 海表水温变动对东、黄海鲐鱼栖息地分布的影响 [J]. 海洋学报，37（6）：88-96.

唐峰华，戴澍蔚，樊伟，等，2020. 西北太平洋公海日本鲭（*Scomber japonicus*）胃含物及其摄食等级研究 [J]. 中国农业科技导报，22（1）：138-148.

汪伟洋，卢振彬，颜尤明，等，1983. 闽中、闽东渔场春汛鲐鱼的生物学特性 [J]. 海洋渔业，5（2）：51-55.

西海区水产研究所，2001. 东海·黄海主要水产资源的生物、生态特性——中日间见解的比较 [M]. 日本长崎：日本纸工印刷：438-448.

严利平，张辉，李圣法，等，2012. 东、黄海日本鲭种群鉴定和划分的研究进展 [J]. 海洋渔业，34（2）：217-221.

颜尤明，1997. 福建近海鲐鱼的生物学 [J]. 海洋渔业，19（2）：69-73.

张仁斋，1981. 南海北部鲐鱼的产卵场和产卵期 [J]. 水产科技情报，2（6）：6-9.

郑元甲，陈雪忠，程家骅，等，2003. 东海大陆架生物资源与环境 [M]. 上海：上海科学技术出版社.

郑元甲，李建生，张其永，等，2014. 中国重要海洋中上层经济鱼类生物学研究进展 [J]. 水产学报，38（1）：149-160.

森脇晋平，宮邉伸，2012. 日本海南西沿岸海域におけるマサバの摂餌生態 [J]. 島根県水産技術センター研究報告（4）：39-44.

ALHEI T，JVRGE N，2002. Impact of climate variability on small pelagic fish stocks - a comparative view [J]. Investigaciones marinas，30（1）：175.

BRUCE B C，CORNELIA E N，1985. An annotated and illustrated catalogue of tunas, mackerels, bonitos and related species known to date [J]. International review of hydrobiology，125（2）：768-769.

CARAMANTIN S H，VEGA P L，NIQUEN M，2009. The influence of the 1992—1993 el niño on the reproductive biology of *Scomber Japonicus peruanus* [J]. Brazilian journal of oceanography，57（4）：263-272.

CASTRO，1993. Feeding ecology of chub mackerel *Scomber japonicus* in the Canary Islands area [J]. South African journal of marine science，13（1）：323-328.

CHENG J，YANAGIMOTO T，SONG N，et al.，2015. Population genetic structure of chub mackerel *Scomber japonicus* in the northwestern pacific inferred from microsatellite analysis [J]. Molecular biology reports，42（2）：373－382.

CIKEŠ K，ZORICA B，2012. The reproductive traits of *Scomber japonicus*（Houttuyn，1782）in the Eastern Adriatic Sea［J］. Journal of applied ichthyology，28（1）：15－21.

DENIZ E，BAYRAM Z，ZELIHA A E，et al.，2009. Morphologic structuring between populations of chub mackerel *Scomber japonicus* in the black，marmara，aegean，and Northeastern Mediterranean Seas ［J］. Fisheries science，75（1）：129－135.

DICKERSON T L，MACEWICZ B J，HUNTER J R，1992. Spawning frequency and batch fecundity of chub mackerel，*Scomber japonicus*，during 1985［J］. California cooperative oceanic fisheries investigations reports（33）：130－140.

FINGER A J，MAY B，2015. Conservation genetics of a desert fish species：the Lahontan tui chub （Siphateles bicolor ssp.）［J］. Conservation genetics，16（3）：1－16.

HELFMAN G，2008. Fish conservation：a guide to understanding and restoring global aquatic biodiversity and fishery resources［J］. Journal of the North American benthological society，27（3）：802－804.

HUNTER J R，1980. Early life history of pacific mackerel，*Scomber japonicus*［J］. Fish bull，78（1）：89－101.

HWANG J H，YOON H S，CHOI S D，2010. Effect of light intensity on first feeding of the chub mackerel *Scomber japonicus* larvae［J］. Animal cells and systems，14（2）：125－128.

KAMIMURA Y，TAKAHASHI M，YAMASHITA N，et al.，2015. Larval and juvenile growth of chub mackerel *Scomber japonicus* in relation to recruitment in the Western North Pacific［J］. Fisheries science，81（3）：505－513.

KIM D H，KIM D J，YOON S J，et al.，2008. Development of the eggs，larvae and juveniles by artificially－matured pacific mackerel，*Scomber japonicus* in the Korean waters［J］. Journal of the korean fisheries society，41（6）：471－477.

KNUTSEN H，JORDE P E，ANDRé C，et al.，2003. Fine－scaled geographical population structuring in a highly mobile marine species：the Atlantic cod［J］. Molecular ecology，12（2）：385－394.

LEE D，SON S H，KIM W，et al.，2018. Spatio－temporal variability of the habitat suitability index for chub mackerel（*Scomber japonicus*）in the East/Japan sea and the South Sea of South Korea［J］. Remote sensing，10（6）：938－949.

LI G，CHEN X J，LEI L，et al.，2014. Distribution of hotspots of chub mackerel based on remote－sensing data in coastal waters of China［J］. International journal of remote sensing，35（11－12）：4399－4421.

LI Y S，CHEN X J，CHEN C S，et al.，2014. Dispersal and survival of chub mackerel（*Scomber japonicus*）larvae in the East China Sea［J］. Ecological modelling，283（3）：70－84.

LIU B J，ZHANG B D，XUE D X，et al.，2016. Population structure and adaptive divergence in a high gene flow marine fish：the small yellow croaker（Larimichthys polyactis）［J］. Plos one，11（4）：1－16.

LOWERRE B S，GANIAS K，SABORIDO R F，et al.，2011. Reproductive timing in marine fishes：variability，temporal scales，and methods［J］. Marine and coastal Fisheries，3（1）：71－91.

National R C，1998. Improving fish stock assessment［M］. Washington：National Academy Press.

PARK S J，LEE S G，GWAK W S，2015. Ontogenetic development of the digestive system in chub mackerel *Scomber japonicus* larvae and juveniles [J]. Fisheries and aquatic sciences, 18 (3): 301 – 309.

RICARDO G P, MARIA D V, DANIEL R H, et al., 2001. Temperature conditions in the argentine chub mackerel (*Scomber japonicus*) fishing ground: implications for fishery management [J]. Fisheries oceanography, 10 (3): 275 – 283.

RUZZANTE D E, TAGGART C T, COOK D, 1999. A review of the evidence for genetic structure of cod (*Gadus morhua*) populations in the NW Atlantic and population affinities of larval cod off Newfoundland and the gulf of St. Lawrence [J]. Fisheries research, 43 (1): 79 – 97.

RYUJI Y, SEIJI O, MARI Y, et al., 2009. Estimation of the spawning grounds of chub mackerel *Scomber japonicus* and spotted mackerel *Scomber australasicus* in the East China Sea based on catch statistics and biometric data [J]. Fisheries science, 75 (1): 167 – 174.

SHIRAISHI T, OHTA K, YAMAGUCHI A, et al., 2005. Reproductive parameters of the chub mackerel *Scomber japonicus* estimated from human chorionic gonadotropin – induced final oocyte maturation and ovulation in captivity [J]. Fish science, 71 (3): 531 – 542.

SOOFIANI N M, FARHADIAN O, 2013. Effects of spawning frequency and density of incubating eggs on egg and larvae survival rates in rainbow trout [J]. Journal of science and technology of agriculture and natural resources, 6 (4): 219 – 219.

TECHETAC H, MOHAME D, AJANA, et al., 2019. Reproductive parameters of atlantic chub mackerel *scomber colias* in m'diq bay, morocco [J]. Journal of the marine biological association of the united kingdom, 99 (4): 957 – 962.

WATARU K, REOTO T, HANA Y, et al., 2020. Suitability of hybrid mackerel (*Scomber australasicus* × *S. japonicus*) with germ cell – less sterile gonads as a recipient for transplantation of bluefin tuna germ cells [J]. General and comparative endocrinology (295): 113 – 525.

WEBER E D, MCCLATCHIE S, 2012. Effect of environmental conditions on the distribution of pacific mackerel (*Scomber japonicus*) larvae in the California current system [J]. Fishery bulletin, 110 (1): 85 – 97.

YAMADA T, AOKI I, MITANI I, 1998. Spawning time, spawning frequency and fecundity of japanese chub mackerel, *Scomber japonicus* in the waters around the Izu Islands, Japan [J]. Fisheries research, 38 (1): 83 – 89.

YOON S J, KIM D H, BAECK G W, et al., 2008. Feeding habits of chub mackerel (*Scomber japonicus*) in the South Sea of Korea [J]. Journal of the Korean Fisheries Society, 41 (1): 26 – 31.

YOUNG E F, BELCHIER M, HAUSER L, et al., 2015. Oceanography and life history predict contrasting genetic population structure in two antartic fish species [J]. Evolutionary applications, 8 (5): 486 – 505.

YU W, GUO A, ZHANG Y, et al., 2018. Climate – induced habitat suitability variations of chub mackerel *Scomber japonicus* in the East China Sea [J]. Fisheries research, 207: 63 – 73.

YUJI S, 1990. Common mackerel (*Scomber japonicus*) of the pacific: its ecology and fishing activities [J]. Marine and freshwater behaviour and physiology, 17 (1): 15 – 65.

ZARDOYA R, CASTILHO R, GRANDE C, et al., 2004. Differential population structuring of two closely related fish species, the mackerel (*Scomber scombrus*) and the chub mackerel (*Scomber japonicus*), in the Mediterranean Sea [J]. Molecular ecology, 13 (7): 1785 – 1798.

第二章 东海区日本鲭资源和群体结构的年代际变化

利用 1980—2019 年东海区日本鲭渔业统计产量、机轮围网平均单位船组年产量（CPUE）和生物学测定数据，对该群体捕捞产量、资源量指数和群体结构之间的年代际变动关系进行了研究。结果表明：东海区日本鲭各年代的平均产量以 20 世纪 80 年代最低，21 世纪第二个 10 年最高，随着年代的推移表现出持续增加的趋势。机轮围网平均 CPUE 前期在波动中上升，至 1999 年达到高峰值 3 776 t/组船，其后呈下降的趋势；20 世纪 80 年代为 1 954.60 t/组船，20 世纪 90 年代升高至 2 839.80 t/组船，21 世纪第一个 10 年又急剧降低至 1 701.10 t/组船，21 世纪第二个 10 年继续降低为 1 372.00 t/组船。日本鲭的平均叉长、平均体重和优势叉长组均随年代的推移表现出持续减小的趋势：平均叉长从 1982 年的 337.15 mm 减小至 2009 年的 309.67 mm，再到 2019 年继续减小至 265.90 mm；平均体重从 1982 年的 547.21 g 减小至 2009 年的 425.55 g，其后到 2019 年又减小至 226.40 g；优势叉长组从 1982 年的 320～360 mm 减小至 2009 年的 290～330 mm，然后到 2019 年继续减小至 250～280 mm。20 世纪 80—90 年代，机轮围网平均 CPUE 可以作为指示日本鲭捕捞产量变化的依据，但 21 世纪以后已经不能作为判断日本鲭捕捞产量变化的依据。日本鲭捕捞产量维持在高位水平是捕捞强度的增加造成的，机轮围网平均 CPUE 本身对捕捞产量的贡献是减小的。建议今后从科学层面建立日本鲭综合评价指数，合理评估资源量，在此基础上提出每年的最大可持续产量；渔业管理层面，在特定水域设立日本鲭种质资源保护区，同时制定针对日本鲭不同生长阶段的管理措施，尽快出台日本鲭 TAC 管理制度，达到资源可持续开发利用的目的。

日本鲭（Scomber japonicus）在中国近海均有分布，属于大洋暖水性中上层鱼类，是东海、黄海最重要的经济鱼类之一（农牧渔业部水产局等，1987；邓景耀等，1991；郑元甲等，2003）。在西北太平洋，日本鲭被分成两个种群（Chikako et al.，2006）：太平洋种群和对马暖流种群，其中分布在东海、黄海和日本海附近的对马暖流种群有更高的经济价值，该种群成为中日韩围网作业的重点捕捞对象。日本学者把东海和黄海的日本鲭划分为两个群系：东海西部种群和五岛西部种群（西海区水产研究所，2001）；而中国学者将东海的日本鲭划分为东海种群和闽南-粤东地方种群（刘尊雷等，2018；严利平等，2012；刘楚珠等，2011），黄海的日本鲭主要来自对马暖流和东海两个群系（金显仕等，2006）。自 20 世纪 50 年代以来，全世界的日本鲭渔获量变化被联合国粮食与农业组织划分为 4 个阶段（李纲等，2011）：第 1 个阶段为缓慢增长期，时间是 20 世纪 50—60 年代；第 2 个阶段为快速增长期，时间是 20 世纪 60—70 年代；第 3 个阶段为下降期，时间是 1979—1992 年；第 4 个阶段是 1993 年以后的产量稳定期。中国自 20 世纪 70 年代机轮围网试验成功后，开始正式加入东海、黄海日本鲭的捕捞队伍（程家骅等，2006），商业捕捞历史至今已有 50 多年。20 世纪 80 年代以后，随着中国近海底层鱼类资源的衰退（郑元甲等，2013），作为主要中上层鱼类资源的日本鲭捕捞产量开始持续上升。随着捕捞强度的增大，从 20 世纪 90 年代后期开始东海、黄海的日本鲭已经表现出资源量明显的缩减、群体低龄化、渔获量波动较大等问题（陈卫忠，1994）。对东海、黄海日本鲭繁殖群体的研究（李建生等，2014a；李建生等，2015a；郑元甲等，2014；李建生等，2014b；李建生等，2015b）表明，自 20 世纪 60 年代至 21 世纪初期，其群体年龄组成、优势年龄组和平均性成熟叉长都呈现出持续降低的趋势。机轮围网作业是 20 世纪东海、黄海捕捞日本鲭的最重要作业方式（程家骅等，2006），其渔获产量和单位船组的平均年产量（CPUE）与日本鲭的年总捕捞产量都具有较为紧密的关系，而日本鲭秋季索饵群体结构的组成则对其资源量和捕捞产量高低都具有至关重要的意义。

本章以 20 世纪 80 年代以来东海区日本鲭的捕捞统计产量、机轮围网 CPUE 和南海、黄海日本鲭索饵群的群体结构变化来分析它们之间的关系，为今后合理评估东海、黄海日本鲭的资源量并确定最大可持续产量及实行 TAC 管理提供科学依据。

第一节　材料与方法

一、材料来源

本章的日本鲭产量数据来自 1980—2019 年中国渔业统计年鉴中东海区（福建省、浙江省、上海市、江苏省）三省一市的鲐鱼产量（以日本鲭为主）；由于机轮围网主要捕捞中上层类，渔获物以日本鲭为主，因此以其平均单组船的年产量（CPUE）代表日本鲭的资源量指数年间变化；日本鲭群体结构数据来自 1982 年、2009 年、2019 年秋季（11 月）所在的大沙渔场对机轮围网渔获物中的日本鲭随机取样测定，各年份的样品数分别为 80 尾、120 尾、80 尾。

二、数据公式

本研究主要涉及机轮围网 CPUE 值计算、日本鲭叉长和体重关系拟合，因此涉及的计算公式如下：

$$CPUE = Y/n \qquad (2-1)$$

叉长-体重公式：
$$W = aL^b \qquad (2-2)$$

其中，CPUE 代表机轮围网年资源量指数；Y 为每年的机轮围网总产量，单位为 t；n 为机轮围网船组数；L 代表日本鲭叉长，单位为 mm；W 代表日本鲭体重，单位为 g；a 为鱼类生长的条件因子，b 为幂指数。产量单位精确到 1 t，叉长单位精确到 1 mm，质量单位精确到 0.1 g。利用统计软件 SPSS 18.0 进行数据检验分析。

第二节　结果与分析

一、捕捞产量的年代际变化

从 1980—2019 年东海区日本鲭捕捞产量的变化（图 2-1）来看，1980—2019 年，日本鲭的捕捞产量呈现出在波动中逐渐增加的趋势，年产量波动范围为 4.40 万～37.75 万 t，自 2010 年开始，年产量跃升至 30 万 t 以上的高产水平，2011 年达到高峰值 37.75 万 t，其后 8 年虽然略有下降，但仍然在高位水平徘徊。从各年代的平均产量变化（图 2-2）来看，从 20 世纪 80 年代至 21 世纪第二个 10 年，各年代的日本鲭平均产量呈现持续增加的趋势，其中以 21 世纪第二个 10 年最高，高达 32.24 万 t，20 世纪第一个 10 年次之，为 21.83 万 t，20 世纪 80 年代最低，为 9.95 万 t。

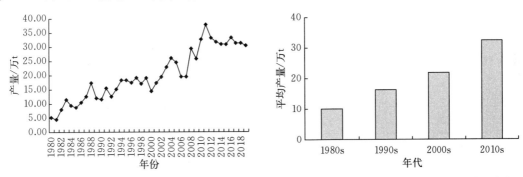

图 2-1　1980—2019 年东海区日本鲭捕捞产量的变化　图 2-2　东海区日本鲭捕捞产量的年代际变化

二、机轮围网 CPUE 的变化

从 1980—2019 年机轮围网 CPUE 的变化（图 2-3）来看，机轮围网平均 CPUE 自 1980 年 853 t/组船起步，其后在波动中上升，至 1999 年达到高峰值 3 776 t/组船，2000 年大幅降低为 1 363 t/组船，以后呈现大幅波动趋势，在 2008 年达 21 世纪的小高峰为 2 751 t/组船，其间在 2012 年降低到最低值仅为 835 t/组船，2018 年又回升至 1 751 t/组船，2019 年又快速下降至 790 t/组船。从各年代的平均 CPUE 变化（图 2-4）来看，前

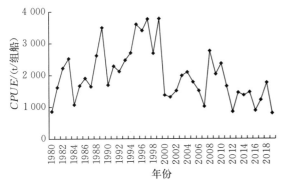

图 2-3　1980—2019 年机轮围网 CPUE 的变化

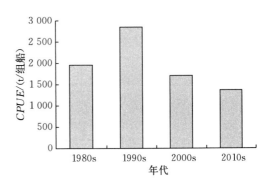

图 2-4　机轮围网平均 CPUE 的年代际变化

期较高后期较低，以 20 世纪 90 年代最高，20 世纪 80 年代次之，21 世纪第二个 10 年最低；从 20 世纪 80—90 年代，平均 $CPUE$ 从 1 954.60 t/组船升高至 2 839.80 t/组船，但到 21 世纪第一个 10 年却急剧降低至 1 701.10 t/组船，之后在 21 世纪第二个 10 年继续降低为 1 372.00 t/组船。

三、日本鲭索饵群体生物学特征的变化

1982—2019 年东海区北部海域日本鲭索饵群的生物学测定数据统计结果（表 2-1，图 2-5）来看，平均叉长从 1982 年的 337.15 mm 减小至 2009 年的 309.67 mm，再继续减小至 2019 年的 265.90 mm；平均体重从 1982 年的 547.21 g 减小至 2009 年的 425.55 g，其后又减小至 2019 年的 226.40 g；优势叉长组从 1982 年的 320～360 mm（77.50%）减小至 2019 年的 290～330 mm（80.83%），然后继续减小至 2019 年的 250～280 mm（88.75%）。总体来说，平均叉长、平均体重和优势叉长组均随年代的推移表现出持续减小的趋势，且减小速度呈现加速趋势。1982—2019 年，生长条件因子 a 表现出先减小再略有回升的趋势，幂指数 b 则表现出先增加再降低的趋势。

表 2-1 日本鲭索饵群体生物学特征的年代际变化

指标	1982 年	2009 年	2019 年
采样渔区/区	1594	1521	1595
样品数	80	120	80
叉长范围/mm	298～390	280～356	235～285
平均叉长/mm	337.15	309.67	265.90
优势叉长组/mm	320～360	290～330	250～280
平均体重/g	547.21	425.55	226.40
a	$1.48×10^{-4}$	$4.4×10^{-7}$	$1.44×10^{-5}$
b	2.596 9	3.605 6	2.966 7
R^2	0.73	0.91	0.87

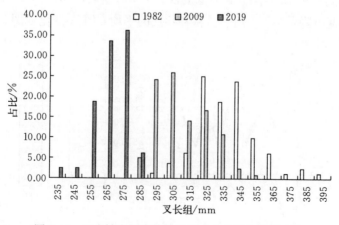

图 2-5 日本鲭索饵群体叉长组成占比的年代际变化

第三节 日本鲭产量的影响因素和渔业管理建议

一、日本鲭捕捞产量与机轮围网 *CPUE* 的相关性

机轮围网作为东海、黄海捕捞日本鲭的主要作业方式，可以用其平均 *CPUE* 作为分析日本鲭捕捞产量变化的依据（程家骅等，2006）。相关性分析结果表明：1980—2019 年东海区日本鲭的总产量与机轮围网 *CPUE* 无显著相关关系（$P>0.05$），但 1980—1999 年东海区日本鲭的总产量与机轮围网 *CPUE* 均呈显著正相关关系（$P<0.05$），关系式分别为：$Y=41.57X+32\,057$（$R^2=0.624\,7$），其中 Y 代表产量，单位为 t；X 代表 *CPUE*，单位为（t/组船）。由此可以看出，20 世纪 80—90 年代，机轮围网 *CPUE* 可以作为指示日本鲭捕捞产量变化的指数依据，但 21 世纪以后，该数据已经不能作为日本鲭捕捞产量变化的依据。分析其原因可能是 20 世纪，东海、黄海对中上层鱼类的捕捞网具种类较少，主要是机轮围网、灯光围网、灯光敷网等，20 世纪 70—80 年代高峰期全国有 70 组机轮围网渔船（程家骅等，2 006）。但是进入 21 世纪后，由于底层鱼类继续维持衰竭的状态，而中上层鱼类的资源相对较稳定，以国有渔业公司为主的机轮围网逐渐退出近海捕捞，目前全国仅宁波海洋渔业公司还有 4 组机轮围网渔船，而大型群众灯光围网日益兴起，2012 年仅东海区的群众围网作业渔船规模就高达 1 400 余艘（李建生等，2015b）。特别是 2010 年后，三角虎网这一新型网具首先在东海区大量出现（孙诗等，2018；许柳雄等，2016），相对于原来的群众灯光围网其船只的马力更大、灯光强度更强、捕捞效率更高；专门捕捞中上层鱼类的群众快速浮拖网也因为底层鱼类的衰退由底层拖网转型而来，这类船只的马力较大，拖网生产时拖曳速度可达 6～7 kn，对日本鲭的杀伤力较明显。因此，各种网具对日本鲭的捕捞呈现更多元化的趋势。由于上述因素的影响，今后在分析评估日本鲭的资源量、可捕量和最大可持续产量以及制定相关渔业管理措施的时候，应该选取基于群众大型灯光围网、近海小型围网、灯光敷网和浮拖网等多种生产方式的综合指数来反映日本鲭资源量的变化。

二、日本鲭捕捞产量与索饵群体生物学特征的相关性

从 20 世纪 80 年代至 21 世纪第二个 10 年，日本鲭捕捞产量呈现持续上升的趋势。但从日本鲭秋季索饵群体的主要生物学特征来看，平均叉长和平均体重均随年代的推移表现出持续减小的趋势，且减小速度呈现加速趋势。上述结果表明日本鲭捕捞产量和索饵群体生物学特征之间呈现相反的变化关系，因此可以推测产量的增加不是由于日本鲭资源数量的增加或个体的变大等因素造成的，而是由捕捞船只增多、渔船马力加大、网具变大、灯光强度增强等捕捞努力量的加大造成的。以往的研究（李建生等，2014a；李建生等，2015b）表明：无论是东海还是黄海日本鲭繁殖群体的肥满度指数随着时间的推移都呈现逐渐降低的趋势；繁殖群体中的雌鱼所占比例随时间推移逐渐增加，表明随着捕捞努力量的加大，面对生存压力，日本鲭为了维持种群对生存环境的适应性，在性别分化上选择更

加倾向于雌性的繁殖策略，来不断增加产卵亲体的数量，以排放更多的鱼卵来保证种群数量的稳定。根据各年代日本鲭渔获群体的叉长换算年龄组成（西海区水产研究所，2001）可见：1982 年的群体以 2~5 龄鱼为主，2009 年的群体以 2~3 龄鱼为主，2019 年的群体以当龄鱼和 1 龄个体为主。相对于 20 世纪来说，21 世纪两次取样的日本鲭高龄个体均减少或消失，平均年龄呈现显著降低趋势。这些都说明日本鲭捕捞产量持续维持在高位水平是捕捞强度的增加造成的，日本鲭群体本身对捕捞产量的贡献是减小的。对于一定长度的鱼来说，体重与生长条件因子 a 呈正比，即饵料基础、水文等环境条件较好，则 a 值较大；同一鱼类种群在不同年份之间的幂指数 b 也存在差异，主要是营养条件差异所致（詹秉义，1995）。长期来看，南海、黄海日本鲭索饵群体的生长条件因子 a 表现出减小的趋势，这说明虽然东海、黄海渔业资源依然处于衰退的状态，但由于主要经济鱼类的当龄鱼和 1 龄个体较多，小型鱼类和甲壳类等增多，各种鱼类为了越冬做准备，索饵活动比较剧烈，它们之间的捕食竞争也表现出增加的趋势，因此导致了 a 值的减小；不同年代日本鲭的幂指数 b 表现出波动的趋势，说明各年代的南海、黄海日本鲭索饵群体所对应的营养条件也是不断波动的。

三、关于日本鲭的渔业管理建议

日本鲭作为东海、黄海主要的经济鱼类，对其进行科学管理以达到资源的可持续利用是非常必要的。鉴于目前日本鲭的资源和渔业现状，从科学层面来讲，由于日本鲭具有在东海、黄海周边不同国家水域跨界洄游的特性，中国应该与日本和韩国合作，准确统计东海、黄海日本鲭的捕捞产量；同时，由于捕捞日本鲭的作业方式较多，因此要开展多种针对日本鲭捕捞作业的资源监测，以此来计算日本鲭的综合评价指数值来合理评估日本鲭的资源量，并提出日本鲭最小开捕年龄或叉长、最大可持续产量等关键参数。从管理层面看，针对特定海洋鱼类设立水产种质资源保护区是保护鱼类资源的有效措施之一（盛强等，2019）。日本鲭在产卵和索饵时具有高度集群的特性，因此，应该在东海、黄海日本鲭主要产卵场和索饵场设立日本鲭种质资源保护区，并根据日本鲭的产卵及索饵特征设置针对不同网具的捕捞措施，最大限度地保护日本鲭产卵亲体和幼鱼资源。由于浮拖网对日本鲭幼鱼的杀伤力较大，应该在其主要索饵场禁止浮拖网捕捞日本鲭幼鱼并设立禁渔期。同时，还要禁止伏季休渔后近海拖网转变作业方式捕捞日本鲭当龄鱼，科学评估灯光围网和敷网的合理数量，制定围网的最小网目尺寸、最大灯光强度及捕捞渔船的最大马力数和发电机组的功率上限值，禁止对索饵和越冬期隔龄日本鲭鱼群的大肆捕捞。TAC 管理是通过控制产出即限制总渔获量来进行渔业资源管理的制度，与渔业管理措施控制投入有着本质的不同，是目前国际上较为有效的管理措施。一些国际渔业管理组织和国家已经把该措施应用于多种海洋生物（陈思行，1998；韩保平，1999；白洋等，2020），如鲣（*Katsuwonus pelamis*）、蓝鳍金枪鱼（*Thunnus thynnus*）、黄鳍金枪鱼（*Thunnus albacores*）、南极磷虾（*Euphausia superba*）、狭鳕（*Theragra chalcogramma*）等，对海洋生物资源保护均起到了较好的效果。因此，为了更科学地开发利用日本鲭资源，渔业管理部门应该尽早制定日本鲭 TAC 管理制度。

参 考 文 献

白洋，胡锋，吴庭刚，2020. 中国海洋渔业管理制度的创新研究—基于美国渔业管理经验的借鉴 [J].
　科技管理研究，5 (16)：46 - 52.

陈思行，1998. 日本的 TAC 制度 [J]. 海洋渔业，20 (4)：181 - 186.

陈卫忠，1994. 东海区主要经济鱼类资源近况 [J]. 海洋渔业，16 (4)：164 - 167.

程家骅，张秋华，李圣法，等，2006. 东黄海渔业资源利用 [M]. 上海：上海科技出版社：155 - 170.

邓景耀，赵传绚，1991. 海洋渔业生物学 [M]. 北京：中国农业出版社：413 - 452.

韩保平，1999. 韩国的 TAC 制度 [J]. 海洋渔业，21 (1)：45 - 46.

金显仕，程济生，邱盛尧，等，2006. 黄渤海渔业资源综合研究与评价 [M]. 北京：海洋出版社：
　215 - 223.

李纲，陈新军，官文江，2011. 东黄海鲐鱼资源评估与管理决策研究 [M]. 北京：科学出版社：15 - 26.

李建生，胡芬，严利平，等，2014b. 东海中部日本鲭（Scomber japonicus）产卵群体繁殖力特征 [J].
　渔业科学进展，35 (6)：10 - 15.

李建生，严利平，胡芬，2014a. 黄海北部日本鲭繁殖群体生物学特征的年代际变化 [J]. 中国水产科学，
　21 (3)：567 - 573.

李建生，严利平，胡芬，2015b. 东海日本鲭繁殖群体生物学特征的年代际变化 [J]. 中国水产科学，22
　(6)：1253 - 1259.

李建生，严利平，胡芬，等，2015a. 温台渔场日本鲭的繁殖群体生物学特征 [J]. 中国水产科学，22
　(1)：99 - 105.

刘楚珠，严利平，李建生，等，2011. 基于框架法的东黄海日本鲭产卵群体形态差异分析 [J]. 中国水
　产科学，18 (4)：908 - 917.

刘尊雷，马春艳，严利平，等，2018. 东海中南部日本鲭种群分析 [J]. 海洋渔业，40 (5)：531 - 536.

农牧渔业部水产局，农牧渔业部东海区渔业指挥部，1987. 东海区渔业资源调查和区划 [M]. 上海：华
　东师范大学出版社：392 - 400.

盛强，茹辉军，李云峰，等，2019. 中国国家级水产种质资源保护区分布格局现状与分析 [J]. 水产学
　报，43 (1)：62 - 80.

孙诗，常云峰，李垚，等，2018. 浙江岱山群众围网渔具渔法调查分析 [J]. 浙江海洋大学学报（自然
　科学版），37 (6)：560 - 566.

西海区水产研究所，2001. 东海·黄海主要水产资源的生物、生态特性——中日间见解的比较 [M]. 日
　本长崎：日本纸工印刷：438 - 448.

许柳雄，唐浩，2016. 围网网具性能研究进展 [J]. 中国水产科学，23 (3)：713 - 726.

严利平，张辉，李圣法，等，2012. 东、黄海日本鲭种群鉴定和划分的研究进展 [J]. 海洋渔业，34
　(2)：217 - 221.

詹秉义，1995. 渔业资源评估 [M]. 北京：中国农业出版社.

郑元甲，陈雪忠，程家骅，等，2003. 东海大陆架生物资源与环境 [M]. 上海：上海科学技术出版社：
　348 - 357.

郑元甲，洪万树，张其永，2013. 中国海洋主要底层鱼类生物学研究的回顾与展望 [J]. 水产学报，37 (1)：151 - 160.

郑元甲，李建生，张其永，等，2014. 中国重要海洋中上层经济鱼类生物学研究进展 [J]. 水产学报，38 (1)：149 - 160.

CHIKAKO W，AKIHIKO Y，2006. Long - term changes in maturity at age of chub mackerel (Scomber japonicus) in relation to population declines in the waters off Northeastern Japan [J]. Fisheries research，78 (2)：323 - 332.

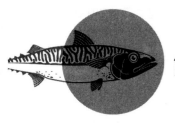

第三章 基于鱼卵仔鱼数据的东海中南部日本鲭产卵场研究

　　利用 2016 年 4—5 月在东海中南部海域的调查数据，对该海域日本鲭（*Scomber japonicus*）鱼卵仔鱼的分布特征进行了研究，同时对产卵场的划分展开讨论并提出保护措施和管理建议。结果表明：4 月，日本鲭鱼卵仔鱼主要出现在台湾海峡和东海南部海域，出现率均大于 25％，但仔鱼在东海南部外海的出现率和丰度均较低，分别为 5.00％和 0.01 个/（100 m³）。5 月，日本鲭鱼卵仔鱼在台湾海峡的出现率和丰度均显著降低，分别下降至 5.88％和 0.22 个/（100 m³）；东海南部外海日本鲭鱼卵仔鱼的出现率和丰度均显著升高，分别升至 50％和 36.48 个/（100 m³），其中鱼卵集中出现在南部外海，出现率和丰度分别达到了 40％和 36.46 个/（100 m³）；东海中部外海从 5 月开始出现日本鲭鱼卵和仔鱼。结合历史资料，可以判断东海中南部日本鲭产卵场主要有台湾海峡、东海中南部近海、东海南部外海、东海中部外海共 4 个。日本鲭鱼卵丰度与表层水温呈显著相关关系（$R=0.37$，$P<0.05$），与表层盐度无显著相关关系（$P>0.05$）；仔鱼丰度与表层水温及表层盐度均无显著相关关系（$P>0.05$）。该结果表明，水温对日本鲭的产卵活动影响较大，随着水温的逐步升高，性腺发育速度加快，开始产卵的亲体数量也大量增加，这从鱼卵仔鱼的数量大量增加得以体现；盐度变化对日本鲭的产卵活动影响相对较小。针对日本鲭不同的产卵场，建议制定差异化的繁殖亲体和幼鱼保护措施。

　　东海中南部海域受黑潮、台湾暖流、黑潮次表层水、闽浙沿岸水等海流水系的影响，具有高温高盐的属性，浮游生物数量丰富，是日本鲭的主要越冬场、产卵场和索饵场（农牧渔业部水产局等，1987；郑元甲等，2003；程家骅等，2006）。日本鲭（*Scomber japonicus*）在中国近海均有分布，属于大洋暖水性中上层鱼类，是东海、黄海最重要的经济鱼类之一（郑元甲等，2003）。中国学者将东海的日本鲭划分为东海群体和闽南-粤东地方群体。闽南-粤东近海地方种群的整个生命过程都在闽南-粤东近海度过，资源数量相对较少；东海群在东海中南部外海越冬，向近岸洄游产卵，具有在东海、黄海长距离洄游的特性，资源数量较大，是东海、黄海等沿海地区的重要捕捞对象（郑元甲等，2003；程家骅等，2006）。国外学者根据渔业生产和鱼卵仔鱼数据将东海的日本鲭划分为对马暖流群体和太平洋群体，认为在东海中南部越冬的日本鲭属于对马暖流群体（西海区水产研究所，2001）。自 20 世纪 80 年代以来，东海区三省一市的鲐鱼（以日本鲭为主）渔获量呈现逐渐上升的趋势，近年来的渔业统计年总产量持续保持在 30 万 t 以上（郑元甲等，

2014)。针对东海的日本鲭已经开展了大量的研究工作，主要集中在基础生物学特征（Hiyama et al.，2002；程家骅等，2004；Watanabe et al.，2004；李建生等，2014a；李建生等，2015；李建生等，2014b）、资源量评估（陈卫忠等，1998；王凯等，2007；严利平等，2010）、分子生物学（邵峰等，2008a；邵峰等，2008b）及与环境条件的关系（李纲等，2009；郑晓琼等，2010；官文江等，2011）等方面，对种群、洄游及"三场一通道"等方面也有部分研究（刘楚珠等，2011；严利平等，2012；刘尊雷等，2018），但未专门开展过东海中南部海域日本鲭鱼卵仔鱼分布特征及其产卵场的调查研究。通过鱼卵仔鱼的数量分布特征研究，可以确定鱼类的产卵场和产卵期，为精细化制定渔业资源保护措施提供科学依据。

本章基于2016年春季东海中南部海域的鱼卵仔鱼调查数据，参照历史研究结果，对该海域日本鲭鱼卵仔鱼的分布特征和产卵场划分进行了研究，同时对产卵场的环境条件进行了分析并提出保护措施和管理建议，以期今后对日本鲭产卵群体进行更有效的保护并达到资源的可持续利用。

第一节　材料与方法

一、材料来源

调查时间为2016年4月、5月的5—15日，在东海中南部的29°00′N、27°30′N、26°30′N等3个断面从近岸向外海按照间隔10′设置1个调查站位，分别有27、27、22个站位，台湾海峡的24°00′N和25°00′N等2个断面垂直于海岸线间隔10′设置1个调查站位，分别有8、9个站位。利用大型浮游生物网进行鱼卵仔鱼样品采集，网具规格为口径130 cm、长280 cm、孔径0.50 mm。每站进行水平拖网调查拖曳10 min，拖速2~3 kn，起网时记录流量计（Hydro-Bios，德国）数据以计算滤水体积；采集的鱼卵仔鱼样品用5%福尔马林溶液固定，在室内对各站位的日本鲭鱼卵仔鱼样品进行鉴定。所有采样站位利用Seabird37型CTD进行现场温度、盐度和深度的测定。定量分析时，各站位丰度值以日本鲭鱼卵和仔鱼出现数量和流量计记录的数据换算成单位水体的日本鲭鱼卵和仔鱼数量为指标进行相关分析。

二、调查海域和站位划分

依据东海中南部海洋环境条件、气候特征和海岸线的走向等，把调查站位划归5个区域。28°00′—30°00′N为东海中部海域，29°00′N断面属于该海域，以124°00′E为分界线，西侧为中部近海，共15个站位，东侧为中部外海，共12个站位。25°30′—28°00′N为东海南部海域，27°30′N和26°30′N断面属于该海域，27°30′N断面以123°00′E为分界线，西侧属于南部近海，共15个站位，东侧属于南部外海，共12个站位；26°30′N断面以122°00′E为分界线，西侧属于南部近海，共14个站位，东侧属于南部外海，共8个站位；23°00′N—25°30′N为台湾海峡，24°00′N和25°00′N断面属于该海域，共17个站位。

三、数据统计公式

本研究的相关计算公式如下：

$$出现率 = C/S \times 100\% \qquad (3-1)$$
$$丰度 = N/V \times 100 \qquad (3-2)$$

其中，C 为鱼卵或仔鱼出现站位数；S 为调查区域总站位数；N 为鱼卵或仔鱼尾数；V 为滤水体积，单位为 m^3；丰度单位为个/（100 m^3）。

采用 Pearson 相关分析方法，用 SPSS 18.0 软件进行相关数据统计分析。

第二节 结果与分析

一、鱼卵仔鱼的总体出现情况

2016 年 4—5 月，在东海中南部调查海域共捕获日本鲭鱼卵 4 354 粒，其中 4 月 1 083 粒，5 月 3 271 粒；捕获日本鲭仔鱼和幼鱼共 38 尾，其中 4 月 24 尾（含前弯曲期仔鱼 6 尾、弯曲期仔鱼 15 尾、后弯曲期仔鱼 2 尾、幼鱼 1 尾）、5 月 14 尾（含前弯曲期仔鱼 4 尾、弯曲期仔鱼 7 尾、后弯曲期仔鱼 3 尾）。各月东海中南部日本鲭鱼卵仔鱼的区域变化结果（表 3-1）显示：4 月，调查海域的日本鲭鱼卵仔鱼总出现率为 21.50%，总丰度为 1.28 个/（100 m^3）。5 个调查区域中有 2 个区域（中部近海和中部外海）没有出现日本鲭鱼卵仔鱼，3 个出现区域的出现率以台湾海峡最高，南部外海次之，南部近海最低，而丰度值则以南部近海最高，南部外海次之，台湾海峡最低。5 月，调查海域的日本鲭鱼卵仔鱼总出现率为 25.81%，总丰度为 8.87 个/（100 m^3）。5 个调查区域中有 1 个区域（中部近海）没有出现日本鲭鱼卵仔鱼，4 个出现区域的出现率以南部外海最高，中部外海次之，台湾海峡最低，丰度值也以南部外海最高，南部近海次之（下降幅度较大），中部外海最低。可以看出，4—5 月，日本鲭鱼卵仔鱼在东海中南部的出现率略有升高，但丰度有较大幅度增加；出现海域也从 3 个增加到 4 个，明显向调查海域东北方向的中部外海延伸，高丰度区也从南部近海向南部外海转移，并且丰度值增加明显。

表 3-1 东海中南部日本鲭鱼卵仔鱼总出现率和丰度的区域变化

月份	区域	总站位数	出现站位数	出现率/%	总平均丰度/ [个/（100 m^3）]
4 月	中部近海	15	0	0	0
	中部外海	12	0	0	0
	南部近海	29	8	27.59	2.73
	南部外海	20	6	30.00	1.19
	台湾海峡	17	6	35.29	0.93
合计		93	20	21.50	1.28

（续）

月份	区域	总站位数	出现站位数	出现率/%	总平均丰度/[个/(100 m³)]
5 月	中部近海	15	0	0	0
	中部外海	12	6	25.00	0.21
	南部近海	29	7	24.14	3.08
	南部外海	20	10	50.00	36.48
	台湾海峡	17	1	5.88	0.22
合计		93	24	25.81	8.87

二、鱼卵的区域变化

由 4—5 月东海中南部日本鲭鱼卵出现率和丰度的区域变化（表 3-2）可见：4 月，日本鲭鱼卵的站位出现率为 16.13%，出现站位的丰度范围为 0.22~61.70 个/(100 m³)，总平均丰度为 1.25 个/(100 m³)；主要出现在南部海域和台湾海峡，出现率以南部外海最高，台湾海峡次之，南部近海最低，而总平均丰度则以南部近海最高，南部外海次之，台湾海峡最低。5 月，日本鲭鱼卵的站位出现率为 18.28%，出现站位的丰度范围为 0.21~348.02 个/(100 m³)，总平均丰度为 8.85 个/(100 m³)；除中部近海外，其他区域都有出现，出现率以南部外海最高，中部外海次之，台湾海峡最低，而总平均丰度则以南部外海最高，南部近海次之，中部外海最低。从丰度的平面分布来看：4 月，日本鲭鱼卵在台湾海峡主要出现在外侧的站位，东海南部海域主要出现在 27°30′N 断面的 122°00′E 以东海域，集中于 122°10′—122°50′E 和 124°50′—125°00′E 之间的站位；5 月，日本鲭鱼卵主要出现在 26°30′N 断面，集中于 120°28′—120°58′E 和 122°38′—123°18′E 之间的站位。

表 3-2　东海中南部日本鲭鱼卵出现率和丰度的区域变化

月份	区域	出现站位数	出现率/%	丰度范围/[个/(100 m³)]	总平均丰度/[个/(100 m³)]
4 月	中部近海	0	0	—	0
	中部外海	0	0	—	0
	南部近海	6	20.69	0.37~61.70	2.66
	南部外海	5	25.00	0.22~20.26	1.84
	台湾海峡	4	23.53	0.25~10.79	0.89
合计		15	16.13	0.22~61.70	1.25
5 月	中部近海	0	0	—	0
	中部外海	4	33.33	0.21~0.89	0.19
	南部近海	4	13.79	1.18~30.94	3.05
	南部外海	8	40.00	0.28~348.02	36.46
	台湾海峡	1	5.88	3.70~3.70	0.22
合计		17	18.28	0.21~348.02	8.85

三、仔鱼的区域变化

由各月东海中南部日本鲭仔鱼出现率和丰度的区域变化（表3-3）可见：4月，日本鲭仔稚鱼的站位出现率为10.75％，出现站位的丰度范围为0.11～0.82个/（100 m³），总平均丰度为0.03个/（100 m³）；中部近海和中部外海没有仔鱼出现，其他3个区域的出现率以南部近海最高，台湾海峡次之，南部外海最低，而总平均丰度与出现率的变化趋势一致。5月，日本鲭仔稚鱼的站位出现率为8.60％，出现站位的丰度范围为0.09～0.55个/（100 m³），总平均丰度为0.02个/（100 m³）；中部近海和台湾海峡没有仔鱼出现，与4月相比，出现海域向东北方向的中部外海延伸；出现率以南部近海最高，中部外海次之，南部外海最低；总平均丰度以南部近海最高，南部外海次之，中部外海最低。从仔鱼丰度的平面分布来看：4月，日本鲭仔鱼在台湾海峡水域主要出现于禁渔线附近调查站位，东海南部海域主要出现在27°30′N断面的122°00′E以东海域，集中于122°10′—122°40′E之间的站位。5月，在东海南部海域，日本鲭仔鱼主要出现在27°30′N断面，集中于122°00′—124°00′E之间的站位；26°30′N断面仅在禁渔区线内侧水域有1个站位出现；中部外海，29°00′N断面的124°00′E以东海域有2个站位出现。

表3-3　东海中南部日本鲭仔鱼出现率和丰度的区域变化

月份	区域	出现站位数	出现率/%	丰度范围/[个/(100 m³)]	总平均丰度/[个/(100 m³)]
4月	中部近海	0	0	—	0
	中部外海	0	0	—	0
	南部近海	6	20.69	0.11～0.82	0.07
	南部外海	1	5.00	0.11～0.11	0.01
	台湾海峡	3	17.65	0.11～0.31	0.04
合计		10	10.75	0.11～0.82	0.03
5月	中部近海	0	0	—	0
	中部外海	2	16.67	0.09～0.13	0.02
	南部近海	4	13.79	0.09～0.55	0.03
	南部外海	2	10.00	0.09～0.48	0.03
	台湾海峡	0	0	—	0
合计		8	8.60	0.09～0.55	0.02

四、温盐度分布及与日本鲭鱼卵仔鱼的关系

表层水温统计结果表明：4月，调查海域表层水温范围13.3～23.3 ℃，平均值17.99 ℃；以台湾海峡最高，南部外海次之，南部近海和中部外海下降明显，中部近海最低；5月，调查海域表层水温范围17.92～26.70 ℃，平均值22.02 ℃，以台湾海峡最高，南部外海

次之，南部近海小幅下降，中部外海下降明显，中部近海最低（图3-1）。由此可见，从4月到5月，表层水温有较明显的上升，两个月均表现出从北向南（中部→南部→台湾海峡）逐渐升高的趋势；外海高于近海，且4月近外海的温差较大，随着水温的升高，5月

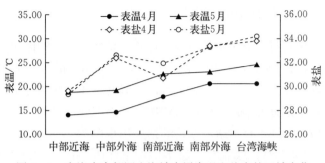

图 3-1 东海中南部调查海域表层水温和盐度的区域变化

近外海温差显著减小。表层盐度统计结果表明：4月，调查海域表层盐度范围25.01～34.90，平均值31.89；以台湾海峡最高，南部外海次之，中部外海和南部近海较低，中部近海最低；5月，调查海域表层盐度范围25.85～35.00，平均值32.32，各区域变化趋势和4月相一致（图3-1）。总体来看：4—5月，表层盐度有小幅上升，两个月均表现出从北向南逐渐升高的趋势；外海盐度高于近海，4月近外海的盐度差较大（中部和南部均大于2.70），但5月中部近外海盐度差进一步增大，南部近外海盐度差则显著减小。

日本鲭鱼卵仔鱼出现站位表层温盐度统计结果（表3-4）表明：从4月到5月，平均表层水温与调查海域总体变化趋势相一致，有明显的上升趋势，但表层盐度则略有下降；4月，日本鲭鱼卵仔鱼出现的3个海域平均表层水温以台湾海峡最高，南部外海次之，南部近海最低，平均表层盐度则以台湾海峡和南部外海较高，南部近海较低；5月，日本鲭鱼卵仔鱼出现的4个海域平均表层水温以南部外海最高，台湾海峡次之，中部外海最低，平均表层盐度则以台湾海峡和南部外海较高，南部近海和中部外海较低。Pearson 相关分析结果表明：日本鲭鱼卵丰度与表层水温在95％置信水平上呈显著相关关系（$R=0.37$，$P=0.037<0.05$），与表层盐度无显著相关关系（$P>0.05$）；日本鲭仔鱼丰度与表层水温及表层盐度均无显著相关关系（$P>0.05$）。

表 3-4 东海中南部日本鲭鱼卵仔鱼出现站位表层温盐度统计

月份	区域	表温范围/℃	平均表温/℃	表盐范围	平均表盐
4 月	南部近海	15.79～20.44	18.92	28.80～34.64	32.74
	南部外海	19.36～20.77	20.17	34.11～34.71	34.49
	台湾海峡	18.00～23.20	21.95	33.20～34.80	34.45
平均		15.79～23.20	20.20	28.80～34.80	33.78
5 月	中部外海	17.97～20.82	19.70	31.20～34.18	33.32
	南部近海	20.84～26.60	24.00	31.02～34.39	33.12
	南部外海	19.78～26.70	25.24	31.44～34.70	34.07
	台湾海峡	24.60	24.60	34.50	34.50
平均		17.97～26.70	23.47	31.02～34.70	33.63

第三节 东海中南部日本鲭产卵场划分和环境条件分析及保护建议

一、基于鱼卵仔鱼分布特征对日本鲭产卵场的划分

东海中南部海域和台湾海峡是日本鲭的重要产卵场和索饵场（农牧渔业部水产局等，1987；郑元甲等，2003；程家骅等，2006；西海区水产研究所，2001）。根据中国学者的研究结果（农牧渔业部水产局等，1987），东海的日本鲭分为闽南-粤东群和东海群，前者冬季主要分布在台湾海峡的南部海域（22°00′—23°00′N、116°00′—116°40′E），产卵场主要分布在 22°00′—23°00′N、116°00′—119°00′E 海域，产卵时间较早，一般为 2 月中下旬至 4 月；后者 3 月末至 4 月初随暖流势力的增强分批由南向北游向鱼山、舟山和长江口渔场，性腺成熟的鱼在上述海域产卵，性腺未成熟的鱼继续向北洄游。日本学者认为（西海区水产研究所，2001）在东海中南部越冬的日本鲭属于对马暖流群体，2—4 月在东海中南部外海产卵，5 月在东海中部、九州岛西部和对马海峡产卵，6 月在对马海峡和日本海西部产卵。本章研究表明：4 月，日本鲭鱼卵和仔鱼主要出现在台湾海峡和东海南部海域，但仔稚鱼在东海南部外海的出现率和丰度均较低。5 月，台湾海峡鱼卵和仔鱼的出现率和丰度均显著降低，且仔稚鱼完全消失；此时中部外海开始出现鱼卵和仔鱼；南部外海的鱼卵和仔鱼的出现率和丰度相对 4 月均显著升高，且鱼卵集中出现在南部断面。中国学者以往关于东海日本鲭产卵场的研究中，从 20 世纪 50 年代至 21 世纪初，一直认为东海中南部外海越冬的日本鲭仅洄游至近海产卵（农牧渔业部水产局等，1987；郑元甲等，2003；程家骅等，2006）。近年来，刘尊雷等（2018）根据分子遗传学对日本鲭产卵亲体研究发现东海中部外海存在产卵群体。本研究于 5 月中旬在东海中部外海发现了日本鲭的鱼卵和仔鱼；同时，作者在 2014 年 4 月在该海域的 2014 渔区对日本鲭产卵亲体的取样测定也发现大量性腺发育至 IV～V 期的个体。以上结果可以证实东海中部外海是日本鲭的一个产卵场，这也与相关研究结果（刘尊雷等，2018；Yukami et al.，2009）相吻合。综上所述，台湾海峡是日本鲭的一个独立产卵场，在 5 月达到产卵末期；东海中南部外海越冬的日本鲭群体在产卵洄游过程中分为 3 个群体，第一股洄游距离较短，在南部外海越冬场附近就近产卵，该海域就是日本鲭的产卵场；第二股游向西和西北方向的闽北、浙中南海域，在洄游的过程中分批产卵，产卵场主要在 29°00′N 以南的鱼山、温台和闽东渔场；第三股向东北方向的东海中部外海洄游，产卵场主要在鱼外和舟外渔场。

二、日本鲭产卵场环境条件分析

温度和盐度是影响鱼类产卵的重要环境条件。日本学者研究显示（Yukami et al.，2009），日本鲭产卵场的表层遥感温度为 15～22 ℃，而对日本鲭的产卵群体进行实验时发现，5—6 月水温为 20.8～24.2 ℃ 时每天产卵；同为鲐属鱼类的澳洲鲐（*Scomber australasicus*）在主要产卵季节的水温为 17～18 ℃，产卵末期的水温 20～22 ℃。本章研

究表明，4月，日本鲭鱼卵仔鱼主要出现在台湾海峡和东海南部近外海，5月，台湾海峡的鱼卵仔鱼数量大幅降低，主要出现在东海南部近外海和中部外海。同期的温盐度实测结果（表3-4）表明，本研究中各区域5月的表层水温相对4月都有较大的增幅，而盐度除南部近海有一定幅度的降低外，其他区域基本持平；5月日本鲭鱼卵仔鱼出现站位的平均水温为23.47℃，相对4月的20.20℃有较大的升幅，平均盐度则略有降低。可以看出，利用实测数据得出的日本鲭产卵场的水温要高于遥感得出的数据；各月间的平均盐度差距较小，4月日本鲭鱼卵仔鱼出现站位的盐度差明显大于5月。研究结果显示，水温对日本鲭的产卵活动影响较大，随着水温的逐步升高，性腺发育速度加快，开始产卵的亲体数量也大量增加，这从随时间的增加而鱼卵仔鱼的丰度迅速增加得以体现；东海中南部整体处于高盐的环境，月间的平均盐度变化较小，因此盐度的变化对其产卵活动影响相对较小。

综合中日两国学者历史研究结果、本章研究的关于日本鲭的产卵洄游路线和东海主要海流分布可知：在东海中南部越冬的日本鲭向产卵场洄游过程中，向近海洄游产卵的群体随台湾暖流、向外海洄游产卵的群体随黑潮主干活动。这两股海流具有高温高盐的属性，适合浮游生物的繁衍，从而有利于日本鲭仔稚鱼获取饵料。

三、对日本鲭不同产卵场的保护措施及建议

日本鲭作为东海、黄海重要的经济鱼类之一，近年来东海区的年产量均达30万t以上，占东海中上层鱼类产量的20%以上（郑元甲等，2014），对海洋渔业生产具有重要的意义。日本鲭亲体怀卵量大（李建生等，2014a；李建生等，2014b；李建生等，2015），幼鱼生长速度快，当年春季生个体至冬季体重可达200g左右。因此，对其产卵场亲体和索饵幼鱼进行保护，是快速恢复中上层鱼类群体结构的有效途径之一。一般来说，鱼类从开始产卵到孵化再成长为仔稚鱼各阶段需要一定的时间，如果设定为15～30 d，由此根据仔稚鱼出现的时间就可以推测出亲鱼产卵的时间。根据2017年最新的农业部关于海洋伏季休渔管理规定，每年自5月1日起东海区各种作业网具实行三个月至四个半月不等的伏季休渔（严利平等，2019）。由于东海中南部日本鲭的产卵时间较长，仅依靠现行的伏季休渔制度不能完全保护日本鲭的产卵亲体、鱼卵仔鱼和幼鱼。因此，针对台湾海峡和东海中南部海域的日本鲭产卵群体和索饵群体，根据不同产卵场亲体产卵和幼鱼索饵时间的差异性，结合本研究的结果，提出以下专项保护措施：台湾海峡产卵场，继续调查确定中心产卵区域，设定日本鲭繁殖亲体保护期为2月下旬至4月；东海中南部近海产卵场划定3—4月为繁殖亲体保护期；南部外海产卵场划定3—4月、中部外海产卵场划定4月为繁殖亲体保护期。同时，在产卵场保护海域之外也要严格限制针对日本鲭亲体捕捞作业网具的网目尺寸。另外，近年来的监测结果表明，东海中南部近海是日本鲭幼鱼的主要索饵场，每年4—5月各种作业网具在该海域捕捞的日本鲭幼鱼均在10万t以上。因此，该时间段也应设立日本鲭幼鱼索饵保护期，禁止各种网具对其的掠夺性捕捞。

参 考 文 献

陈卫忠，胡芬，严利平，1998. 用实际种群分析法评估东海鲐鱼现存资源量［J］. 水产学报，22（4）：334-339.

程家骅，林龙山，2004. 东海区鲐鱼生物学特征及其渔业现状的分析研究［J］. 海洋渔业，26（2）：73-78.

程家骅，张秋华，李圣法，等，2006. 东黄海渔业资源利用［M］. 上海：上海科技出版社，155-170.

官文江，陈新军，李纲，2011. 海表水温和拉尼娜事件对东海鲐鱼资源时空变动的影响［J］. 上海海洋大学学报，20（1）：102-107.

李纲，陈新军，2009. 夏季东海渔场鲐鱼产量与海洋环境因子的关系［J］. 海洋学研究，27（1）：3-10.

李建生，胡芬，严利平，2014b. 台湾海峡中部日本鲭产卵群体生物学特征的初步研究［J］. 应用海洋学学报，33（2）：198-203.

李建生，胡芬，严利平，等，2014a. 东海中部日本鲭（*Scomber japonicus*）产卵群体繁殖力特征［J］. 渔业科学进展，35（6）：10-15.

李建生，严利平，胡芬，等，2015. 温台渔场日本鲭的繁殖群体生物学特征［J］. 中国水产科学，22（1）：99-105.

刘楚珠，严利平，李建生，等，2011. 基于框架法的东、黄海日本鲭产卵群体形态差异分析［J］. 中国水产科学，18（4）：908-917.

刘尊雷，马春艳，严利平，2018，等. 东海中南部日本鲭种群分析［J］. 海洋渔业，40（5）：531-536.

农牧渔业部水产局，农牧渔业部东海区渔业指挥部，1987. 东海区渔业资源调查和区划［M］. 上海：华东师范大学出版社.

邵锋，陈新军，李纲，等，2008b. 东、黄海鲐鱼形态差异分析［J］. 上海水产大学学报，17（2）：204-209.

邵锋，陈新军，2008a. 东、黄海鲐鱼群体遗传差异的 RAPD 分析［J］. 广东海洋大学学报，18（3）：83-87.

王凯，严利平，程家骅，等，2007. 东海鲐鱼资源合理利用的研究［J］. 海洋渔业，29（4）：337-343.

西海区水产研究所，2001. 东海·黄海主要水产资源的生物、生态特性——中日间见解的比较［M］. 日本长崎：日本纸工印刷：438-448.

严利平，李建生，凌建忠，等，2010. 应用体长结构 VPA 评估东海西部日本鲭种群资源量［J］. 渔业科学进展，31（2）：16-22.

严利平，张辉，李圣法，等，2012. 东、黄海日本鲭种群鉴定和划分的研究进展［J］. 海洋渔业，34（2）：217-221.

严利平，刘尊雷，金艳，等，2019. 延长拖网伏季休渔期的渔业资源养护效应［J］. 中国水产科学，26（1）：118-123.

郑晓琼，李纲，陈新军，2010. 基于环境因子的东、黄海鲐鱼剩余产量模型及应用［J］. 海洋湖沼通报，6（3）：41-48.

郑元甲，陈雪忠，程家骅，等，2003. 东海大陆架生物资源与环境［M］. 上海：上海科学技术出版社，348-357.

郑元甲，李建生，张其永，等，2014. 中国重要海洋中上层经济鱼类生物学研究进展 [J]. 水产学报，38 (1)：149 - 160.

HIYAMA Y，YODA M，OHSHIMO S，2002. Stock size fluctuations in chub mackerel (*Scomber japonicus*) in the East China Sea and the Japan/East Sea [J]. Fisheries oceanography，11 (6)：347 - 353.

WATANABE C，YATSU A，2006. Long - term changes in maturity at age of chub mackerel (*Scomber japonicus*) in relation to population declines in the waters off Northeastern Japan [J]. Fish research，78：323 - 332.

YUKAMI R，OHSHIMO S，YODA M，et al. ，2009. Estimation of the spawning grounds of chub mackerel *Scomber japonicus* and spotted mackerel *Scomber australasicus* in the East China Sea based on catch statistics and biometric data [J]. Fish science，(75)：167 - 174.

第四章　台湾海峡中部日本鲭产卵群体生物学特征的初步研究

　　根据 2010 年春季对台湾海峡中部日本鲭的生物学测定数据及怀卵量计数结果，对其产卵群体的生物学特征进行了研究。结果表明：日本鲭产卵群体性比符合 1∶1 的雌雄性比关系；叉长范围 212～271 mm，平均 244.76 mm，优势组 230～260 mm；雌鱼最小性成熟叉长 225 mm，雄鱼最小性成熟叉长 221 mm；体质量范围 110.99～242.00 g，平均 170.97 g，优势组 130～220 g。雌雄个体的性腺成熟度均以Ⅳ～Ⅴ期为主，摄食强度均较高，雌鱼平均摄食强度为 2.0，雄鱼平均摄食强度为 2.25；雌鱼的平均摄食强度随性腺成熟度的提高呈下降趋势，而雄鱼正好相反；在达到完全性成熟前，雌雄鱼的性腺指数 GSI 都随着性腺的发育而增加，雌鱼的平均性腺指数 GSI 略高于雄鱼；绝对怀卵量 5.2835 万～16.8847 万粒，平均 (10.4050±0.6118) 万粒；叉长相对怀卵量 227～625 粒/mm，平均 (423±22) 粒/mm。随着叉长的增加，怀卵量也持续增加。叉长 250 mm 以上个体怀卵量相对于 250 mm 及其以下个体出现大幅增加趋势。与 20 世纪 80 年代研究结果相比，目前该海域日本鲭的大量性成熟年龄由 2 龄提前为 1 龄，最小性成熟年龄即为大量性成熟年龄；产卵群体年龄组成由 1～5 龄转变为 1～2 龄，优势组由 2～3 龄下降为 1 龄；产卵群体平均绝对怀卵量下降了 33.23%。因此，为了保护该海域日本鲭资源并提高种群数量和年龄结构，应该首先制定合理的最小开捕叉长，同时在其春汛产卵期采取必要的休渔措施及在主要产卵场设立保护区。

　　台湾海峡位于东海与南海的过渡水域，地处亚热带，自然环境优越，由于受闽浙沿岸水、粤东沿岸水、南海水和黑潮支梢影响，水文状况错综复杂，浮游生物种类繁多，渔业资源丰富（戴天元等，2011）。日本鲭（*Scomber japonicus*）为暖水性中上层鱼类，广泛分布于西北太平洋沿岸海域，中国沿岸及日本、朝鲜等海域均有分布，主要由中国（包括中国台湾）、日本和朝鲜等国家利用，东海区捕捞的日本鲭群体分为东海群和闽南-粤东近海地方种群（丁仁福等，1987；郑元甲等，2003），两者在形态上具有一定的差异（刘楚珠等，2011）。台湾海峡的日本鲭主要为灯光围网和单拖网所捕获，是福建近海重要的中上层鱼类之一。根据丁仁福等（1987）报道，台湾海峡南部的闽南和台湾浅滩海域的日本鲭属于闽南-粤东近海地方群，整个生命周期包括生殖、索饵等阶段，基本上在福建南部沿海水域栖息，不做长距离洄游，无明显的越冬洄游现象（丁仁福等，1987）。根据汪伟洋等（1983）和颜尤明（1997）报道，闽中（台湾海峡中部水域）、闽东渔场的日本鲭属于东海群系，每年 3—5 月春汛期间，自彭佳屿和台湾海峡南部越冬场到达闽中、闽东近海做生殖洄游，产卵场主要在崇武至闽江口近海 40～60 m 海域。近年来，对台湾海峡日本鲭资源的研究主要集中于资源量评估（戴天元等，2011）、群体结构组成和数量分布（叶孙忠等，2005；李雪丁等，2008）、种群遗传（戴天元等，2011；张丽艳等，2011；黄昊等，2011）等方面。而对于闽中海域日本鲭产卵群体的生物学特征仅汪伟洋（1983）和颜尤明（1997）进行过研究，其取样时间为春汛生产期间所捕获的生殖群体，虽然其取样范围比本研究相对要大一些，但是同属于一个群系。随着对该资源群体的持续高强度开发，已出现年龄偏小、性成熟提前的严峻生物学现象（戴天元等，2011；叶孙忠等，2005），在此渔业和生物学背景下，该资源群体能否维持种群的延续和稳定是我们迫切需要了解的问题，而研究该问题的关键首先就是掌握其产卵群体的群体结构、性比、性腺成熟度、怀卵量等基础生物学特征。为此，笔者于 2010 年 3—4 月 2 个批次对台湾海峡中部海域的日本鲭各项基础生物学指标进行了取样测定，同时对雌鱼性腺成熟度达Ⅳ～Ⅴ期个体进行怀卵量计数，利用上述结果来分析研究其产卵群体的生物学现状，并与以往的相关研究成果进行了对比分析，以此揭示台湾海峡中北部海域日本鲭的繁殖特性，并为今后台湾海峡日本鲭资源的可持续利用提供参考依据。

第一节　材料与方法

一、材料来源

采样时间分别为 2010 年 3 月 8 日和 4 月 8 日，采样地点为台湾海峡中部海域的 275 渔区（24°45′N、119°40′E），样品数每批 50 尾，共 100 尾。采集样品为灯光围网捕捞船到港上岸交易前未经分规格的渔获，首先在实验室经过种类鉴定，所取的样品全部为日本鲭，然后分别进行各项生物学指标的测定。2 批样品合计雌鱼 45 尾、雄鱼 55 尾。

二、测定方法

主要测定项目包括叉长（L）、体质量（W）、纯体质量（NW）、性别、性腺成熟度、性腺质量、雌鱼怀卵量（F）、摄食强度。性别、性腺成熟度和摄食强度采用肉眼观测，根据《海洋调查规范》的标准进行性腺成熟度和摄食强度等级鉴定。

对 30 尾雌鱼性腺成熟度Ⅳ～Ⅴ期个体取样进行怀卵量计数，用精度为 0.001 g 的电子秤称量，然后取 0.2～0.5 g（前、中、后部卵粒混合）性腺组织，用 10% 的福尔马林溶液固定，性腺样品经去除卵膜后，在 Zeiss Discovery V20 体式显微镜下使用 10 倍目镜对卵粒进行观察拍照，在电脑上进行计数，最后换算各样品个体的总怀卵量。

三、数据公式

$$叉长相对繁殖力 = 绝对繁殖力 / 叉长 \qquad (4-1)$$
$$性腺指数（GSI） = （性腺重 / 纯体质量） \times 100 \qquad (4-2)$$

叉长与体质量的关系式：$\qquad W=aL^b \qquad$ (4-3)

上述公式中，长度单位为 mm，重量单位为 g。用 SPSS 11.0 进行数据检验分析，用 Excel 2010 进行数据图的绘制。

叉长和体质量优势组界定原则如下：根据平均组高来界定优势组，大于平均组高值即可定义为优势组。其中，平均组高＝100％/组数。

第二节　结果与分析

一、群体组成结构

台湾海峡日本鲭产卵群体取样测定结果显示，雌雄性比为 0.82：1，经卡方检验（$\chi^2=0.81$，$P=0.368>0.05$），符合 1：1 的雌雄性比关系。对雌雄个体的叉长和体质量分别进行 t 检验（叉长：$t=0.033$，$p=0.974>0.05$；体质量：$t=0.257$，$p=0.798>0.05$），均无显著性差异，因此对雌雄个体的叉长和体质量分别合并分析。台湾海峡日本鲭产卵群体的叉长范围 212～271 mm，平均（244.76±1.09）mm，优势组 230～260 mm，占 84.00％（图 4-1），测定样品中雌鱼最小性成熟叉长 225 mm，雄鱼最小性成熟叉长 221 mm；体质量范围 110.99～242.00 g，平均（170.97±2.90）g，优势组 130～220 g，占 91.00％（图 4-2）。日本鲭叉长和体质量的关系符合幂函数关系，经回归拟合，叉长和体质量关系式为：$W=2\times10^{-6}L^{3.3227}$（$n=100$，$R^2=0.7527$，单位：$W$ 为 g，L 为 mm）。可以看出，虽然 b 值在 2.5～3.5，但由于处于生殖期间，肥满度略大，因此 b 值靠近 3.5，仍然处于匀速生长。

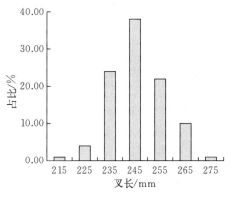

图 4-1　台湾海峡中部日本鲭产卵群体的叉长组成

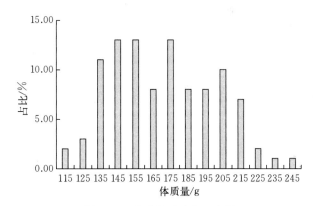

图 4-2　台湾海峡中部日本鲭产卵群体的体质量组成

二、性腺和摄食

台湾海峡中部日本鲭产卵群体中雌雄个体的各期性腺组成如图 4-3 所示。测定样品中雌鱼性腺成熟度变化范围在 Ⅲ～Ⅵ-Ⅱ期，其中以Ⅳ、Ⅴ期占优势，合计占 75.56％；

雄鱼性腺成熟度变化范围在Ⅲ～Ⅴ期，以Ⅳ、Ⅴ期占优势，合计占98.18%。

台湾海峡中部日本鲭产卵群体中雌雄个体的摄食强度组成如图4-4所示。由图可见，雌鱼摄食强度范围在0～4级，以1～3级占优势，合计达88.89%，平均摄食强度2.0；雄鱼摄食强度范围在1～4级，以1～3级占优势，合计达84.38%，平均摄食强度2.25。

台湾海峡中部日本鲭产卵群体平均摄食强度随性腺成熟度的变化如图4-5所示。雌鱼各期性腺的平均摄食强度以Ⅲ期最高（2.50），Ⅳ期次之（2.00），Ⅴ期最低

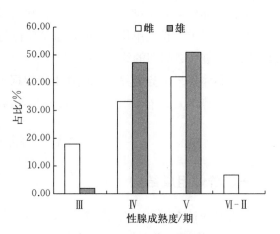

图4-3 台湾海峡中部日本鲭产卵群体的性腺成熟度组成

（1.80）；雄鱼各期性腺的平均摄食强度以Ⅴ期最高（2.56），Ⅳ期次之（2.13），Ⅲ期最低（1.00）。这表明，雌鱼的平均摄食强度随性腺成熟度的提高呈下降趋势，而雄鱼反之。

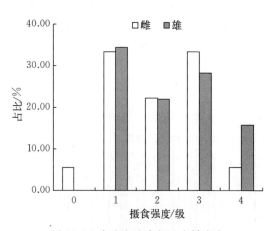

图4-4 台湾海峡中部日本鲭产卵群体的摄食强度组成

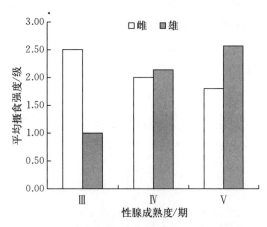

图4-5 台湾海峡中部日本鲭产卵群体平均摄食强度随性腺成熟度的变化

台湾海峡中部日本鲭产卵群体平均性腺指数 GSI 随性腺成熟度的变化如图4-6所示。雌鱼 GSI 范围2.08～12.09，平均（6.93±0.40）；随着性腺成熟度从Ⅲ期发育到Ⅴ期，平均 GSI 也从5.41逐渐增加到9.07，而从Ⅴ期到Ⅵ-Ⅱ期，由于已经排卵完毕，性腺处于重新发育状态，因此平均 GSI 也骤降为2.25。雄鱼 GSI 范围2.97～15.02，平均（6.59±0.55）；随着性腺成熟度从Ⅲ期发育到Ⅴ期，平均 GSI 也从3.81逐渐增加到7.03。由此可以看出，无论雌鱼还是雄鱼，在排卵（精）前，其性腺指数都随着性腺的发育而呈现增加趋势。

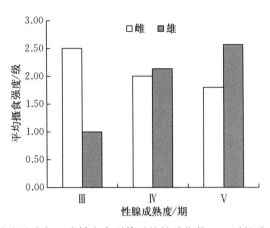

图 4-6　台湾海峡中部日本鲭产卵群体平均性腺指数 GSI 随性腺成熟度的变化

三、怀卵量

选取性腺成熟度Ⅳ～Ⅴ期以上的个体
30 尾（其中Ⅳ期个体 12 尾、Ⅴ期 18 尾）
进行怀卵量计数。结果显示，计数范围
内台湾海峡日本鲭绝对怀卵量 5.283 5～
168 847 粒，平均值为（10.405 0±0.611 8）
万粒；叉长相对怀卵量 227～625 粒/mm，
平均（423±22）粒/mm。不同叉长组日
本鲭的绝对怀卵量和叉长相对怀卵量的变
化如图 4-7 所示。随着叉长组的增加，日
本鲭的绝对和相对怀卵量都表现出增加的
趋势。由图 4-7 可见，小于 250 mm 的 3

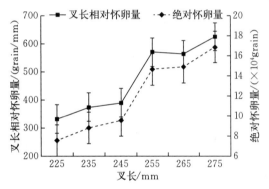

图 4-7　台湾海峡中部日本鲭产卵群体
怀卵量随叉长的变化

个叉长组，各组之间绝对怀卵量范围 75 471～95 455 粒，平均 86 337 粒，相对怀卵量范围
332～390 粒/mm，平均 365 粒/mm；250～270 mm 的 2 个叉长组，各组之间绝对怀卵量范围
146 455～148 835 粒，平均 147 645 粒，相对怀卵量范围 562～570 粒/mm，平均 566 粒/mm；
大于 270 mm 的叉长组只有 1 个，但其绝对怀卵量达 168 847 粒，相对怀卵量则达到
625 粒/mm。

第三节　产卵群体结构现状和基于繁殖特征的保护对策

一、台湾海峡中部日本鲭产卵群体结构现状

本章研究结果显示，目前台湾海峡中部日本鲭产卵群体的叉长呈现单峰型结构，结合
福建近海日本鲭理论叉长（颜尤明，1997）可知，该产卵群体年龄结构组成为 1～2 龄，

主要是由 1 龄个体组成,因此推测其大量性成熟的年龄为 1 龄。据叶孙忠等(2005)研究,2003—2004 年春汛在台湾海峡捕获的日本鲭产卵群体平均叉长 246.1 mm(叶孙忠等,2005),与本章的结果基本一致。20 世纪 80 年代,该海域的日本鲭年龄结构为 1~5龄,优势组为 2~3 龄,生殖群体多数为 2~3 龄,最小性成熟年龄为 1 龄,大量性成熟的年龄为 2 龄(颜尤明,1997)。由此可见,21 世纪以来,该海域的日本鲭生殖群体大量性成熟年龄相对于 20 世纪 80 年代已明显提前,这可能是在强大的捕捞和近海环境污染压力下,日本鲭为了延续种群而采取的自我调控机制。本研究的日本鲭最小性成熟叉长(雌鱼225 mm,雄鱼 221 mm)处于 20 世纪 80 年代的最小性成熟叉长范围(210~230 mm)内。说明当前台湾海峡中部日本鲭繁殖群体的最小性成熟叉长已经与大量性成熟年龄一致。因此,目前该海域日本鲭产卵群体资源基础较为脆弱,通过鱼类自身继续提早大量性成熟年龄的方式已经不能维持今后的高产量,对于日本鲭资源的补充和可持续利用较为不利。近年来,东海、黄海鲐鱼(以日本鲭为主)渔业产量屡创新高。据严利平等(2010)评估,东海群系日本鲭已经处于过度利用状态,之所以能够维持高产量,主要是渔获物中低龄鱼比例较高所致(严利平等,2010)。叶孙忠等(2005)认为,春汛疏目快拖作业对台湾海峡日本鲭的生殖群体损害严重,建议严格控制该作业春汛在日本鲭繁殖场所生产作业。如果不控制捕捞努力量以保护产卵亲体数量,日本鲭资源将有可能遭到严重破坏。因此,建议相关渔业管理部门在控制捕捞努力量的同时,抓紧制定最小可捕规格,能保证亲鱼有一次繁殖的机会,从而使台湾海峡日本鲭这一传统渔业捕捞品种能够可持续利用。

二、台湾海峡中部日本鲭繁殖生物学特征及其亲体保护对策

GSI 的变化反映了性腺发育程度和鱼体能量在性腺和躯体之间的分配比例。本章研究结果显示,与大多数鱼类一样,日本鲭繁殖群体的雌鱼平均 GSI 大于雄鱼,这体现了亲鱼资源物质主要分配给卵巢,使卵能够用以发育成为仔鱼(殷名称,2000)。同时,在一个繁殖周期内,无论雌鱼还是雄鱼的 GSI 均随着性腺的发育表现出逐渐增加的趋势,当其达到一定的阈值时,鱼体才进入完全性成熟状态。根据本章研究结果,台湾海峡日本鲭雌雄个体达到完全性成熟状态(性腺达 V 期)的 GSI 平均值分别为 9.07 和 7.03。因此,该结果可以作为判断该海域日本鲭性成熟与否的指标之一。汪伟洋的研究表示,20世纪 80 年代该海域春汛日本鲭繁殖群体的摄食强度以 2~3 级为主,平均摄食强度均达到了 2.40 以上(汪伟洋等,1983)。与上述结果相似,本研究时间段内摄食强度相对较高,雌雄的平均摄食强度均达到或超过了 2.0。这些都说明日本鲭在生殖前期需要补充大量的能量以维持产卵或排精时能量的消耗。而雌鱼随着性腺成熟度的提高,平均摄食强度表现出降低的趋势。这可能是由于随着性腺从 III 期发育到 V 期,卵巢逐渐变大,充满腹腔,因此摄食强度表现出下降的趋势(殷名称,2000),这种变化趋势和底层鱼类的研究结果(林龙山等,2005;严利平等,2006)相一致。本章研究显示,台湾海峡日本鲭繁殖力随着叉长的变化呈现增加的趋势,以 250 mm 为转折点,叉长组 250 mm 及其以下个体的平

均繁殖力仅 8.63 万粒，而 250 mm 组以上个体的平均繁殖力则大幅增加至 14.76 万粒，由于本研究中日本鲭群体的年龄仅有 2 个年龄组，可以推测出平均繁殖力随叉长组而呈现出来的大幅度梯度增加是由于年龄的增加所造成的。因此，通过保护产卵亲体来增加产卵群体中高龄鱼的比例更能有效地提高日本鲭的种群数量。

不同海区和不同年代的日本鲭怀卵量具有较大的差异。台湾海峡中部日本鲭的怀卵量明显低于东海、黄海其他海域日本鲭的怀卵量。20 世纪 50 年代，黄海日本鲭个体的怀卵量为 20 万～110 万粒，平均约 70 万粒（邓景耀等，1991）。刘松等（1988）报道，20 世纪 80 年代山东近海日本鲭的个体绝对生殖力的变动范围为 19 万～90 万粒之间，平均为 53 万粒（刘松等，1988）。而根据有关报道，20 世纪 80 年代福建南部沿海叉长为 235 mm 日本鲭的怀卵量为 15.9 万粒（邓景耀等，1991）；颜尤明（1997）报道，20 世纪 80 年代闽中-闽东渔场日本鲭怀卵量范围 5.29 万～35.46 万粒，平均 15.59 万粒，结合其平均叉长换算得到其平均叉长相对怀卵量为 555 粒/mm。与 20 世纪 80 年代台湾海峡中部海域（闽中-闽东渔场）日本鲭平均怀卵量研究结果相比，目前日本鲭平均绝对怀卵量下降幅度达 33.23%，平均叉长相对怀卵量下降 23.76%。究其原因可能主要是由于年龄组的减小所致，20 世纪 80 年代怀卵量计数个体的叉长组为 260～380 mm（汪伟洋等，1983；颜尤明，1997），而本研究中怀卵量计数个体的叉长组则下降为 220～280 mm，说明当前的日本鲭产卵群体年龄出现了较大幅度降低，而鱼类的个体绝对繁殖力与年龄呈近似抛物线的关系（殷名称，2000）。因此，为了提高该日本鲭种群的繁殖数量，应该在其春汛产卵盛期设立休渔期及在主要产卵场设立保护区以保护产卵亲体并提高群体中高龄亲鱼的比例。

三、研究的不足和展望

闽中、闽东渔场日本鲭繁殖期较长，春汛性腺成熟度分布范围Ⅱ～Ⅵ期，Ⅴ期和Ⅵ期仅出现在 4—6 月，生殖盛期为 4—5 月（汪伟洋等，1983）。由于东海区（含台湾海峡）灯光围网休渔时间为 5 月 1 日至 6 月 30 日，因此本研究没有取到生殖盛期 5 月的样品，对于研究繁殖力有一定的局限性，但目前由于近年来持续的高强度捕捞，中国近海鱼类资源衰退已是不争的事实，而资源衰退的只要表现在整体年龄结构减小、性成熟提前、繁殖力下降等方面。因此，相对于 20 世纪 80 年代，本章的日本鲭生物学变化特征和怀卵量下降的变化代表了该海域日本鲭生物学的整体变化趋势。日本鲭为分批产卵类型（邓景耀等，1991），卵细胞的发育有先后顺序。本研究中以性腺成熟度Ⅳ期和Ⅴ期的日本鲭雌鱼来进行怀卵量的计数，由于性腺成熟度Ⅳ期个体未达完全的性成熟，部分后期发育的卵子较小可能不易观测到而在计数时被忽略，会导致最终得到的个体怀卵量结果偏低。因此，以后在怀卵量计数时应尽量用性腺成熟度达Ⅴ期的个体进行计数，同时要对卵径的大小进行测定，以便对其产卵特征进行更深入的研究。另外，在今后的工作中，为了对台湾海峡日本鲭产卵群体生物学特征进行更加全面客观地了解，应该尽量想办法通过其他作业方式获取 5—6 月的样品。

参 考 文 献

戴天元，苏永全，阮五崎，等，2011. 台湾海峡及邻近海域渔业资源养护与管理 [M]. 厦门：厦门大学出版社.

邓景耀，赵传绷，1991. 海洋渔业生物学 [M]. 北京：农业出版社：413-448.

丁仁福，俞连福，颜尤明，1987. 鲐鱼. 东海区渔业资源调查和区划 [M]. 上海：华东师范大学出版社：392-401.

黄昊，程起群，郑将臣，2011. 基于形态和分子标记的三种鲭科鱼类鉴别新方法 [J]. 海洋渔业，33 (3)：297-302.

李雪丁，商少陵，卢振彬，2008. 台湾海峡南部鲐鲹鱼类资源的时空分布 [J]. 海洋学研究，26 (3)：18-23.

林龙山，严利平，凌建忠，等，2005. 东海带鱼摄食习性的研究 [J]. 海洋渔业，27 (3)：187-192.

刘楚珠，严利平，李建生，等，2011. 基于框架法的东黄海日本鲭产卵群体形态差异分析 [J]. 中国水产科学，18 (4)：908-917.

刘松，顾晨曦，严正，1988. 鲐鱼个体生殖力的研究 [J]. 海洋科学，6 (5)：43-47.

汪伟洋，卢振彬，颜尤明，等，1983. 闽中-闽东渔场春汛鲐鱼的生物学特性 [J]. 海洋渔业，5 (2)：51-55.

严利平，李建生，凌建忠，等，2010. 应用体长结构VPA评估东海西部日本鲭种群资源量 [J]. 渔业科学进展，31 (2)：16-22.

严利平，李建生，沈德刚，等，2006. 黄海南部、东海北部小黄鱼饵料组成和摄食强度的变化 [J]. 海洋渔业，28 (2)：117-123.

颜尤明，1997. 福建近海鲐鱼的生物学 [J]. 海洋渔业，19 (2)：69-73.

叶孙忠，王茵，何文成，2005. 台湾海峡鲐鱼捕捞群体结构及资源开发利用状况 [J]. 福建水产，(2)：20-23.

殷名称，2000. 鱼类生态学 [M]. 北京：中国农业出版社：105-131.

张丽艳，苏永全，王航俊，等，2011. 台湾海峡鲐鱼种群遗传结构 [J]. 生态学报，31 (23)：7097-7103.

郑元甲，陈雪忠，程家骅，等，2003. 东海大陆架生物资源与环境 [M]. 上海：上海科学技术出版社：348-357.

中华人民共和国质量监督检验检疫总局，中国国家标准化管理委员会，2007. 海洋调查规范 [M]. 北京：中国标准出版社.

第五章　温台渔场日本鲭繁殖生物学研究

　　本章利用 2012 年春季在温台渔场对日本鲭繁殖群体连续 6 批取样的生物学测定数据，对其繁殖生物学特征进行了研究。结果表明，叉长 340 mm 及其以下群体中，雌雄比基本符合 1∶1 的性比关系；叉长 340 mm 以上群体中，雌鱼显著多于雄鱼。GSI 随时间的变化结果显示，温台渔场日本鲭的主要繁殖期为 3 月中旬至 4 月中旬；不同时间段的雌鱼和雄鱼 GSI 均存在显著差异，总体表现为雌鱼大于雄鱼。不同性腺发育阶段的平均摄食强度总体表现为雄鱼大于雌鱼。不同性腺发育阶段的雌性和雄性的肝脏指数均存在着显著差异，雌性显著大于雄性。绝对繁殖力范围为 44 017～734 684 粒/尾，平均值为（173 867±15 719）粒/尾，优势组为（10～30）×10^4 粒/尾，占 70.37%；相对繁殖力范围为 187～1 403 粒/g，平均值为（538±31）粒/g，优势组为 390～700 粒/g，占 66.67%。卵径范围为 0.27～1.22 mm，平均值为（0.86±0.01）mm，优势组为 0.7～1.1 mm。温台渔场日本鲭的绝对繁殖力低于黄海北部但高于台湾海峡，相对繁殖力高于历史水平，平均卵径小于 20 世纪 80 年代，雌雄鱼的最小性成熟叉长均有一定程度的降低。这些都说明日本鲭为应对高强度捕捞和环境胁迫压力而采取增加相对繁殖力、减小卵径、提早性成熟等繁殖策略来维持种群数量和保证种群的延续。

　　日本鲭（*Scomber japonicus*）为暖水性中上层鱼类，隶属鲭科、鲐属。广泛分布于西北太平洋沿岸海域，中国沿岸及日本、朝鲜等海域均有分布，主要由中国（包括中国台湾）、日本和朝鲜等国家利用（农牧渔业部水产局等，1987；郑元甲等，2003）。温台渔场位于东海中部近海水域，受浙江沿岸水、黑潮次表层水和台湾暖流等海流水团的共同影响，浮游生物饵料丰富，是众多海洋游泳生物的产卵场和索饵场，也是多种捕捞网具作业的良好渔场。20 世纪 70 年代，通过对鱼卵、仔鱼出现频率和分布范围调查，发现温台渔场是东海、黄海日本鲭的主要产卵场之一（农牧渔业部水产局等，1987）。该海域的日本鲭群体属于东海群系。该群系日本鲭资源数量较大，在生殖和越冬季节具有长距离洄游的特性，其产卵场、索饵场和越冬场分布于东海和黄海各自海域，是东海、黄海、渤海等沿海地区的重要捕捞对象，主要被中国大型围网、群众小型灯光围网、灯光敷网和拖网等渔具所捕获（农牧渔业部水产局等，1987；郑元甲等，2003；西海区水产研究所，2001）。

20世纪80年代以来，东海、黄海近海底层鱼类资源呈现严重的衰退现象，而作为中上层鱼类主要种类的日本鲭由于其生长迅速的特点，虽然群体的年龄组成较简单，但仍然能够形成较为稳定的渔业产量（李建生等，2008；郑元甲等，2014）。根据渔业统计资料，自20世纪80年代以来，中国在东海区鲐鱼（以日本鲭为主）的渔获量呈现逐渐上升的趋势，2010年以来的年产量保持在30万t以上的高位水平。20世纪50年代以来，针对东海群系的日本鲭已经开展了大量的研究工作，主要集中在种群和洄游（农牧渔业部水产局等，1987；王为祥，1991；严利平等，2012）、年龄与生长（刘勇等，2005；程家骅等，2004；刘勇等，2006）、生殖和摄食习性（刘勇等，2005；颜尤明，1997）、资源量评估（陈卫忠等，1998；王凯等，2007；严利平等，2010；周永东等，2011）等方面。国外学者主要对东海日本鲭种群的波动（Hiyama Y et al.，2002）、产卵场（Yukami et al.，2009）和性成熟年龄的变化（Watanabe et al.，2006）进行了研究，并利用人工养殖的日本鲭来研究其繁殖参数（Shiraishi et al.，2005）、性腺发育特征和性别变化（Kobayashi et al.，2011）。为了解高强度捕捞压力下东海群系日本鲭的繁殖策略，有必要对其繁殖群体性比组成、性腺指数（GSI）、摄食强度、肝脏指数（HSI）、繁殖力和卵径等影响群体数量变动的繁殖生物学特征进行深入研究。因此，本研究根据2012年3—4月温台渔场日本鲭的繁殖群体定期采样数据，对其繁殖生物学特征进行研究，对于了解日本鲭资源的补充特征和规律，进一步准确估算其资源量、研究并制定最佳可捕标准、制定日本鲭的保护措施等都具有现实意义，在此基础上可以为海洋中上层重要经济鱼类的管理政策的制定提供科学依据。

第一节　材料与方法

一、材料来源

日本鲭样品的采样时间为2012年3—4月，共6批，合计测定样品319尾，其中雌鱼162尾，雄鱼157尾，采样地点均为温台渔场（27°00′—28°00′N、125°00′E以西至机轮拖网禁渔线之间的海域）。样品为在大型围网捕捞船上现场取样冷冻保存，在实验室进行各项生物学指标的测定。对主要产卵高峰期的雌性日本鲭个体中性腺Ⅳ～Ⅴ期个体的怀卵量进行计数，并取部分Ⅴ期个体的卵粒测量卵径。

二、测定方法和标准

主要测定项目包括叉长（FL）、体质量（BW）、纯体质量（NW）、性别、性腺成熟度、性腺重量（GW）、肝脏重量（HW）、雌鱼怀卵量（F）、摄食强度。性别、性腺成熟度和摄食强度采用肉眼观测，根据海洋调查规范的标准进行性腺成熟期和摄食强度等级鉴定。

三、数据公式

性腺指数（GSI）和肝脏指数（HSI）的计算公式分别为：

$$GSI = \frac{GW}{NW} \times 100 \qquad\qquad (5-1)$$

$$HSI = \frac{HW}{NW} \times 100 \qquad\qquad (5-2)$$

其中，长度单位精确到 1 mm，重量单位精确到 0.1 g。

利用统计软件 SPSS 18.0 进行数据检验分析，对统计数据再利用 Microsoft office Excel 进行图件的绘制。

第二节　结果与分析

一、性比的变化

本研究共取得日本鲭样本 319 尾，其中雌鱼 162 尾，雄鱼 157 尾，卡方检验结果表明雌雄个体比例符合 1∶1 关系（$\chi^2 = 0.050\,2$，$P > 0.05$）。日本鲭雌雄性比随时间的变化如表 5-1 所示。由表可见，3 月上中旬，群体中的雌雄个体数基本相当；3 月下旬，群体中的雌鱼个体明显多于雄鱼，此时雌雄比达整个繁殖期最大值，为 2.09；其后至 4 月中旬，雌雄比逐渐下降；4 月下旬进入产卵末期，群体中的雌鱼个体明显少于雄鱼。由不同叉长组日本鲭性比的变化（表 5-2）可见，叉长 340 mm 及其以下群体中，雌雄比基本符合 1∶1 的性比关系；叉长 340 mm 以上群体中，雌鱼显著多于雄鱼。

表 5-1　日本鲭雌雄性比随时间的变化

时间	雌雄比	数量		平均叉长/mm		χ^2	P
		雌	雄	雌	雄		
3 月上旬	0.95	20	21	271.8	267.7	0.000 0	1.000 0
3 月中旬	0.94	15	16	297.9	298.9	0.000 0	1.000 0
3 月下旬	2.09	23	11	319.3	313.6	3.558 8	0.059 2
4 月上旬	1.29	36	28	311.2	298.8	0.765 6	0.381 6
4 月中旬	0.97	37	38	295.3	305.1	0.000 0	1.000 0
4 月下旬	0.72	31	43	274.4	279.2	1.635 1	0.200 1

表 5-2　不同叉长组日本鲭性比的变化

叉长组/mm	雌	雄	雌雄比	χ^2	P
<260	24	28	0.86	0.173 1	0.677 4
261～280	38	41	0.93	0.050 6	0.821 9
281～300	31	26	1.19	0.280 7	0.596 2
301～320	25	29	0.86	0.166 7	0.683 1
321～340	32	27	1.19	0.271 2	0.602 5
341～360	11	6	1.83	0.941 2	0.332 0
>360	1	—	—	—	1.000 0

二、性腺发育的变化

雌鱼，3月上旬为卵巢发育早期阶段，以Ⅱ～Ⅲ期个体为主，平均GSI最低，为（1.10±0.35）；其后，3月中旬至4月中旬为产卵高峰期，卵巢发育加速，Ⅳ～Ⅴ期个体大量出现，平均GSI迅速升高，其值在5.81～6.83，3月下旬开始出现已经产完卵的个体，性腺成熟度表现为Ⅵ-Ⅱ期；4月下旬，由于产卵高峰期已过，因此平均GSI迅速降低，下降为（3.53±0.59）（图5-1和图5-2）。雄鱼，平均GSI变化趋势与雌性略有差异：3月上旬最低，仅为（0.38±0.10）；3月中旬，平均GSI迅速升高，达到小高峰，

精巢Ⅴ期个体达到一定的比例；3月下旬至4月上旬，平均GSI略有下降，4月上旬开始出现已经排完精的个体；4月中旬，达到繁殖高峰期，平均GSI为繁殖期最大值，为（5.97±0.43）；4月下旬，进入繁殖末期，平均GSI下降为（1.81±0.21）（图5-1）。整体来看，温台渔场日本鲭的主要繁殖期为3月中旬至4月中旬，不同时间段的雌鱼和雄鱼性腺指数均存在显著差异（ANO-

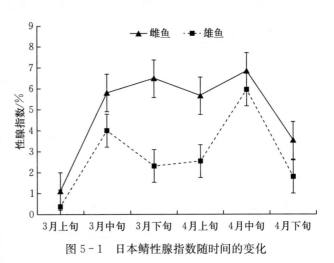

图5-1 日本鲭性腺指数随时间的变化

VA分析，雌性：$F=6.24$，$P<0.01$；雄性：$F=25.31$，$P<0.01$）。从日本鲭不同性腺发育阶段的平均GSI变化（图5-3）来看，除Ⅱ期个体外，其他性腺发育阶段的平均GSI总体均表现为雌鱼大于雄鱼（独立性t检验：$t=5.616$，$P<0.01$）；无论雌鱼还是雄鱼，随着性腺从Ⅱ期发育到Ⅴ期，平均GSI均表现出逐渐升高的趋势；性腺发育到Ⅵ-Ⅱ期，由于已经繁殖完毕，平均GSI急剧降低，两者达到基本相同的水平。

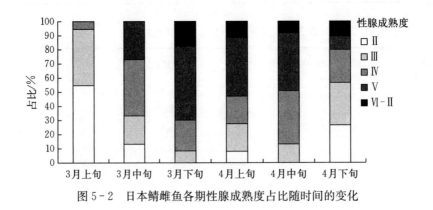

图5-2 日本鲭雌鱼各期性腺成熟度占比随时间的变化

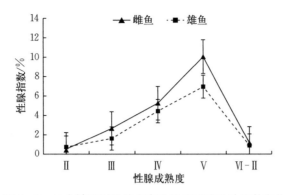

图 5-3　日本鲭不同性腺发育阶段的平均性腺指数变化

三、摄食强度的变化

从不同性腺发育阶段日本鲭平均摄食强度的变化（图 5-4）来看，平均摄食强度总体表现为雄鱼大于雌鱼（独立性 t 检验：$t=3.101$，$P<0.01$）。雄鱼，随着性腺从 Ⅱ 期发育到 Ⅳ 期，平均摄食强度表现出持续升高趋势；随着性腺继续发育到 Ⅴ 期，平均摄食强度略有降低；随着性腺变为 Ⅵ-Ⅱ 期，平均摄食强度呈现大幅度降低态势，降至性腺 Ⅱ 期时的水平。雌鱼，平均摄食强度随性腺发育

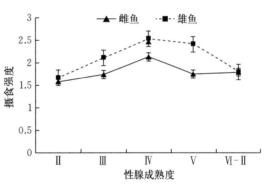

图 5-4　不同性腺发育阶段日本鲭平均摄食强度的变化

的变化与雄鱼基本相似，但是性腺从 Ⅳ 期发育到 Ⅴ 期阶段，平均摄食强度下降幅度显著大于雄鱼。

四、肝脏指数 *HSI* 的变化

ANOVA 分析结果表明，日本鲭不同性腺发育阶段的雌性和雄性个体 *HSI* 均存在着显著差异（雌性：$F=9.05$，$P<0.01$；雄性：$F=8.23$，$P<0.01$）（图 5-5）。总体来看，雌性 *HSI* 显著大于雄性（独立性 t 检验：$t=3.162$，$P<0.01$），其中，雌性 Ⅱ 期个体的 *HSI* 最低，而雄性 Ⅵ-Ⅱ 期的 *HSI* 最低，分别为（1.10±0.12）和（0.89±0.13）；雌性 Ⅴ 期和雄性 Ⅳ 期个体 *HSI* 最高，分别

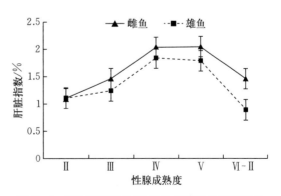

图 5-5　不同性腺发育阶段日本鲭肝指数的变化

为（2.05±0.11）和（1.84±0.15）。随着性腺从Ⅱ期发育到Ⅳ期，HSI表现出迅速升高趋势；性腺Ⅳ～Ⅴ期发育阶段，HSI维持在高位水平；随着产卵结束，性腺变化为Ⅵ-Ⅱ期，HSI大幅降低。

五、繁殖力和卵径

选取 54 尾叉长范围 252～369 mm，体质量范围 207.56～654.60 g 的雌性日本鲭性成熟个体（其中Ⅳ期个体 11 尾，Ⅴ期个体 43 尾），测定其繁殖力。结果显示，绝对繁殖力范围为 44 017～734 684 粒/尾，平均值为（173 867±15 719）粒/尾，优势组为（10～30）×10⁴ 粒/尾，占 70.37%；相对繁殖力范围为 187～1 403 粒/g，平均值为（538±31）粒/g，优势组为 390～700 粒/g，占 66.67%。

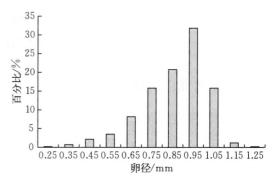

图 5-6　日本鲭卵径的百分比组成

选取 5 尾性腺成熟度为Ⅴ期的雌性个体，观察并测量其卵径。结果显示，日本鲭的卵径范围 0.27～1.22 mm，平均值为（0.86±0.01）mm。其卵径组成仅有 1 个峰值，分布区间为 0.7～1.1 mm，占全部卵粒数的 84.05%（图 5-6）。

第三节　雌雄个体性腺发育差异、生理表征和繁殖特征

一、日本鲭雌雄个体的性腺发育差异

本章研究表明，温台渔场日本鲭叉长 340 mm 及其以下个体中，雌雄比基本符合 1∶1 的性比关系；叉长 340 mm 以上个体中，雌鱼显著多于雄鱼。这种小个体繁殖群体中雌雄比例相当、大个体繁殖群体中雌性个体明显增多的现象与东海、黄海的黄鲅鳈（张学健等，2011）、蓝点马鲛（邱盛尧等，1996）繁殖群体的性比变化是相一致的。其主要原因可能是很多鱼类雄性在生长至一定长度后，其生长速率放缓；而雌性为提高繁殖能力，保证种群延续，需获得足够大的腹腔来容纳数量庞大的卵子。因此，其繁殖策略之一是使雌性继续保持较高的生长速率。

GSI 主要用于衡量性腺发育程度和鱼体能量在性腺和躯体之间的分配比例（殷名称，2000）。本章研究表明，不同性腺发育阶段日本鲭的平均 GSI 均表现为雌鱼大于雄鱼，由此说明雌鱼在卵巢发育过程中所占有的能量比要高于雄鱼，产卵过程比排精过程消耗更多的能量。从越冬期至春季产卵结束，日本鲭的生长基本上处于停滞期（王为祥，1991），而产卵期主要表现为性腺重量的快速增加，至性腺达到完全成熟的Ⅴ期，性腺重量增加到最大，随着产卵或排精活动的结束，性腺重量迅速下降到较低值。因此，雌雄鱼的平均 GSI 均表现为从性腺开始发育至Ⅴ期阶段持续升高，繁殖结束则迅速下降且两者达到基

本相同的水平。

二、日本鲭性腺发育过程中相关生理表征

日本鲭肝脏和摄食强度变化与性腺发育过程具有密切的关系。本章研究表明，日本鲭雌雄鱼的平均 HSI 均表现为从性腺发育早期的 Ⅱ～Ⅳ 期阶段持续升高，而性腺 Ⅳ～Ⅴ 期为高峰期，繁殖结束后迅速下降；各性腺发育阶段日本鲭的平均 HSI 均表现为雌鱼大于雄鱼。这主要是由于肝脏是鱼类营养储存、吸收和运输的器官，肝细胞能够合成卵黄前体物质卵黄蛋白原，为卵母细胞发育与成熟提供物质基础（张士璀等，2002），其 HSI 依据鱼类性别和个体发育不同阶段而异。

日本鲭的平均摄食强度总体表现为雌鱼小于雄鱼，性腺从 Ⅳ 期发育到 Ⅴ 期，雌鱼的平均摄食强度下降幅度显著大于雄鱼。结合 GSI 变化的结果可知，雌鱼卵巢所占身体的比例要高于雄鱼精巢所占的比例。因此，在繁殖过程中，雄鱼的捕食活动要强于雌鱼，且越接近繁殖期差异越明显，繁殖结束后两者恢复到大致相同的水平。

中国多数春季产卵的海洋鱼类，在产卵前通常有一个摄食高峰，以补充卵巢最后发育成熟和产卵活动所需要的能量（殷名称，2000）。对本研究数据统计发现，在日本鲭卵巢发育达 Ⅳ～Ⅴ 期阶段的产卵高峰期，空胃率仅 4.55%，摄食强度 3～4 级的比例达 27.27%。上述结果说明，日本鲭在产卵前仍然存在强烈的摄食现象。此结果与东海区底层鱼类产卵期的摄食习性（林龙山等，2005；严利平等，2006）有所差别。

三、温台渔场日本鲭的繁殖特征

温台渔场日本鲭产卵群体由东海中部越冬场随着春季中国台湾地区暖流势力的增强和向北发展洄游而来，产卵期为 3—4 月（王为祥，1991）。本研究表明，目前该海域日本鲭的产卵盛期为 3 月中旬至 4 月中旬，与历史结果（农牧渔业部水产局等，1987）相比变化不大。近年来的研究结果表明，台湾海峡日本鲭的平均绝对繁殖力为 10.4 万粒（李建生等，2014a），黄海北部日本鲭的平均绝对繁殖力为 40.7 万粒（李建生等，2014b），本研究的温台渔场日本鲭的绝对繁殖力低于黄海北部而高于台湾海峡，这与历史结果（王为祥，1991）也是相符合的，这主要是由于不同群体或地理种群之间的差异造成的。目前温台渔场的日本鲭平均卵径小于 20 世纪 80 年代，而相对繁殖力高于历史水平（颜尤明，1997；汪伟洋等，1983），说明日本鲭通过减小卵径、增加相对繁殖力的繁殖策略来应对外界的捕捞压力和环境胁迫来保证种群的延续。历史研究结果表明，日本鲭繁殖周期为一年一次，属于具有明显的繁殖季节式型的鱼类，繁殖盛期局限在一个较短的时间，但延续时间可长达 2～3 个月（殷名称，2000）。这与本章对日本鲭 GSI 随时间的变化以及卵径的研究结果是吻合的。根据数据统计结果，目前温台渔场日本鲭性成熟的最小叉长分别为雌性 240 mm，雄性 243 mm。而 20 世纪 80 年代，东海群系日本鲭雌雄鱼性成熟的最小叉长均为 260～270 mm（农牧渔业部水产局等，1987）。可以看出，目前雌雄鱼的最小性成熟叉长与历史相比均有一定程度的降低，这可能是日本鲭应对高强度捕捞压力、维持种群

数量的自身调节机制。上述变化趋势和日本东北海域日本鲭的最小性成熟的长期变化趋势（Watanabe et al.，2006）相一致。

参 考 文 献

陈卫忠，胡芬，严利平，1998. 用实际种群分析法评估东海鲐鱼现存资源量 [J]. 水产学报，22 (4)：334-339.

程家骅，林龙山，2004. 东海区鲐鱼生物学特征及其渔业现状的分析研究 [J]. 海洋渔业，26 (2)：73-78.

李建生，胡芬，严利平，2014a. 台湾海峡中部日本鲭产卵群体生物学特征的初步研究 [J]. 应用海洋学学报，33 (2)：198-203.

李建生，严利平，胡芬，2014b. 黄海北部日本鲭繁殖群体生物学特征的年代际变化 [J]. 中国水产科学，21 (3)：567-573.

李建生，严利平，钱洪生，等，2008. 2007 年东黄海机轮围网渔业监测动态分析 [J]. 现代渔业信息，23 (6)，9-11.

林龙山，严利平，凌建忠，等，2005. 东海带鱼摄食习性的研究 [J]. 海洋渔业，27 (3)：187-192.

刘勇，严利平，程家骅，2006. 东海北部和黄海南部鲐鱼生长特性及合理利用 [J]. 中国水产科学，13 (5)：814-822.

刘勇，严利平，胡芬，等，2005. 东海北部和黄海南部鲐鱼年龄和生长的研究 [J]. 海洋渔业，27 (2)：133-138.

农牧渔业部水产局，农牧渔业部东海区渔业指挥部，1987. 东海区渔业资源调查和区划 [M]. 上海：华东师范大学出版社：392-400.

邱盛尧，叶懋中，1996. 黄渤海蓝点马鲛繁殖生物学的研究 [J]. 海洋与湖沼，27 (5)：467-470.

西海区水产研究所，2001. 东海·黄海主要水产资源的生物、生态特性——中日间见解的比较 [M]. 日本长崎：日本纸工印刷：438-448.

汪伟洋，卢振彬，颜尤明，等，1983. 闽中-闽东渔场春汛鲐鱼的生物学特性 [J]. 海洋渔业，5 (2)：51-55.

王凯，严利平，程家骅，等，2007. 东海鲐鱼资源合理利用的研究 [J]. 海洋渔业，29 (4)：337-343.

王为祥，1991. 鲐鱼·海洋渔业生物学 [M]. 北京：中国农业出版社：413-452.

严利平，李建生，凌建忠，等，2010. 应用体长结构 VPA 评估东海西部日本鲭种群资源量 [J]. 渔业科学进展，31 (2)：16-22.

严利平，李建生，沈德刚，等，2006. 黄海南部、东海北部小黄鱼饵料组成和摄食强度的变化 [J]. 海洋渔业，28 (2)：117-123.

严利平，张辉，李圣法，等，2012. 东、黄海日本鲭种群鉴定和划分的研究进展 [J]. 海洋渔业，34 (2)：217-221.

颜尤明，1997. 福建近海鲐鱼的生物学 [J]. 海洋渔业，19 (2)：69-73.

殷名称，2000. 鱼类生态学 [M]. 北京：中国农业出版社：34-38.

张士璀，孙旭彤，李红岩，2002. 卵黄蛋白原研究及其进展 [J]. 海洋科学，26 (7)：32-35.

张学健，程家骅，沈伟，等，2011. 黄鮟鱇繁殖生物学研究 [J]. 中国水产科学，18 (2)：290-298.

郑元甲，陈雪忠，程家骅，等，2003. 东海大陆架生物资源与环境［M］. 上海：上海科学技术出版社：348－357.

郑元甲，李建生，张其永，等，2014. 中国重要海洋中上层经济鱼类生物学研究进展［J］. 水产学报，38（1）：149－160.

周永东，张洪亮，徐汉祥，等，2011. 应用体长股分析法估算东海区日本鲭资源量［J］. 浙江海洋学院学报（自然科学版），30（2）：91－94.

HIYAMA Y，YODA M，OHSHIMO S，2002. Stock size fluctuations in chub mackerel（*Scomber japonicus*）in the East China Sea and the Japan/East Sea［J］. Fish. oceanogr, 11（6）：347－353.

KOBAYASHI T，ISHIBASHI R，YAMAMOTO S，et al.，2011. Gonadal morphogenesis and sex differentiation in cultured chub mackerel，*Scomber japonicas*［J］. Aquaculture research（42）：230－239.

SHIRAISHI T，OHTA K，YAMAGUCHI A，et al.，2005. Reproductive parameters of the chub mackerel *Scomber japonicus* estimated from human chorionic gonadotropin－induced final oocyte maturation and ovulation in captivity［J］. Fisheries science（71）：531－542.

WATANABE C，YATSU A，2006. Long－term changes in maturity at age of chub mackerel（*Scomber japonicus*）in relation to population declines in the waters off Northeastern Japan［J］. Fish res（78）：323－332.

YUKAMI R，OHSHIMO S，YODA M，et al.，2009. Estimation of the spawning grounds of chub mackerel *Scomber japonicus* and spotted mackerel *Scomber australasicus* in the East China Sea based on catch statistics and biometric data［J］. Fish science（75）：167－174.

第六章 东海中部日本鲭产卵群体繁殖力研究

　　本章利用 2010—2012 年春季在东海中部获得的日本鲭产卵群体样品的生物学及繁殖力测定数据，对其群体结构、性腺指数 GSI 和繁殖力特征进行了研究。结果表明：目前东海中部日本鲭产卵群体年龄结构由 1～5 龄组成，以 2～4 龄占优势。日本鲭的个体绝对繁殖力为 24 770～734 684 粒，平均（145 575±10 067）粒；纯体重相对繁殖力为 175～1 404 粒/g，平均（524±24）粒/g；叉长相对繁殖力为 102～2 070 粒/mm，平均（483±29）粒/mm。ANOVA 分析结果表明，不同叉长组间的性腺指数 GSI（$F=2.34$，$P<0.05$）、绝对繁殖力（$F=8.57$，$P<0.01$）和叉长相对繁殖力（$F=5.59$，$P<0.05$）均有显著性差异，但体重相对繁殖力差异不明显（$F=2.03$，$P>0.05$）。多元逐步线性回归和非线性回归分析表明，绝对繁殖力与体高和肝重关系密切。为了应对高强度的捕捞压力，日本鲭主要采用降低性成熟年龄，减小最小性成熟叉长和卵径、增加繁殖力等策略来维持种群的延续。

　　日本鲭（*Scomber japonicus*）为暖水性中上层鱼类，隶属鲭科、鲐属，广泛分布于西北太平洋沿岸海域，在中国及日本、朝鲜半岛等周边海域均有分布，主要由中国（包括中国台湾）、日本、韩国和朝鲜等国家利用（农牧渔业部水产局和农牧渔业部东海区渔业指挥部，1987）。东海中部近海受浙江沿岸水、台湾暖流和东海外海暖水等海流水团的共同影响，浮游生物丰富，是众多游泳生物的产卵场和索饵场，也是多种捕捞网具作业的良好渔场（郑元甲等，2003）。20 世纪 70 年代，通过对鱼卵、仔鱼的调查，发现东海中部的温台和鱼山渔场是日本鲭的主要产卵场（农牧渔业部水产局和农牧渔业部东海区渔业指挥部，1987）。该海域的日本鲭产卵群体属于东海群系（或称东海西部种群）（郑元甲等，2003；张秋华等，2007）。该群系日本鲭生长速度较快、个体偏大，通常 2 龄性成熟（西海区水产研究所，2001）；每年 3—5 月，主要在东海中部近海，由南向北，边洄游、边产卵。此时，中国大型围网、群众小型灯光围网、灯光敷网和拖网等在该海域捕捞其产卵群体（农牧渔业部水产局和农牧渔业部东海区渔业指挥部，1987；郑元甲等，2003）。

　　进入 21 世纪，东海、黄海近海底层鱼类资源仍然严重衰退，而作为中上层鱼类主要种类的日本鲭，虽然群体的年龄组成较简单，但资源量较大，仍能够形成较为稳定的渔业产量（李建生等，2010；严利平等，2010；郑元甲等，2014）。20 世纪 50 年代以来，中国学者针对东海群系的日本鲭已经开展了大量的研究工作，主要集中在种群和洄游（邓景耀，1991；严利平等，2012）、年龄与生长（程家骅等，2004；刘勇等，2005；刘勇等，2006）、生殖和摄食习性（农牧渔业部水产局和农牧渔业部东海区渔业指挥部，1987；颜尤明，1997；郑元甲等，2003）、资源量评估（陈卫忠等，1998；王凯等，2007；严利平等，2010；周永东等，2011）等方面，但专门进行其繁殖力特征的研究相对较少。近年来，国外学者主要对东海日本鲭种群的波动（Hiyama et al.，2002）、产卵场（Yukami et al.，2009）和性成熟年龄的变化（Watanbe et al.，2006）进行了研究，并利用人工养殖的日本鲭来研究其繁殖参数（Shiraishi et al.，2005）、性腺发育特征和性别变化（Koba-yashi et al.，2011）。针对当前东海群系日本鲭的资源现状，为了解其补充机制及高强度捕捞和环境胁迫压力下的繁殖策略，本章利用 2010—2012 年连续 3 年春季在东海中部对日本鲭进行的取样数据，对其群体结构组成、性腺指数和繁殖力等进行了研究。日本鲭的生命周期短、繁殖力强、生长速度快，资源的补充受环境因子制约较明显（农牧渔业部水产局等，1987；郑元甲等，2003），因此，通过对日本鲭产卵群体相关繁殖生物学特征进行研究，可以了解日本鲭的资源补充和变化的规律，并且对于进一步准确估算其资源量、制定最佳可捕标准、制定相关的保护措施等都具有现实意义，在此基础上可以为海洋中上层鱼类管理政策的制定提供科学依据。

第一节 材料与方法

一、材料来源

日本鲭样品的采样时间为 2010—2012 年的 3—4 月，其中 2010 年获取样品 100 尾，对 17 尾性腺为Ⅳ～Ⅴ期的雌鱼进行繁殖力计数；2011 年获取样品 127 尾，对 31 尾性腺为Ⅳ～Ⅴ期的雌鱼进行繁殖力计数；2012 年获取样品 319 尾，对 54 尾性腺为Ⅳ～Ⅴ期的雌鱼进行繁殖力计数。2010 年采样地点为鱼山渔场，2011 年和 2012 年采样地点为温台渔场。样品是在群众大型灯光围网捕捞船上取样、冷冻保存，带回实验室进行生物学测定。本章主要基于上述 102 尾雌鱼样本（合计Ⅳ期个体 42 尾，Ⅴ期个体 60 尾）的数据对该海域日本鲭繁殖力特征进行研究。

二、测定方法和标准

测定项目包括叉长（L）、肛长（AL）、体重（W）、纯体重（NW）、肝重（HW）、性别、性腺成熟度、性腺重（GW）、怀卵量（F）、摄食强度；并对部分样品用游标卡尺精确测量了头长、眼径、体高、体宽等指标。性别、性腺成熟度和摄食强度采用肉眼观测，根据海洋调查规范（中华人民共和国质量监督检验检疫总局和中国国家标准化管理委员会，2007）的标准进行性腺成熟期和摄食强度等级鉴定。

对雌鱼性腺成熟度为Ⅳ～Ⅴ期的个体进行怀卵量计数，首先在卵巢中取 0.2～0.5 g（前、中、后部卵粒混合）性腺组织，用精度为 0.001 g 的电子秤称量，然后用 10% 的福尔马林溶液固定；卵粒计数时，先将性腺样品去除卵膜，把卵粒均匀分散开，然后在

Zeiss Discovery V20 体式显微镜下使用 10 倍目镜对卵粒进行观察拍照，在电脑上进行计数，最后换算出个体怀卵量，即绝对繁殖力。

三、计算公式

本章的性腺指数（GSI）、叉长相对繁殖力（r/L）和体重相对繁殖力（r/W）的计算公式如下：

$$GSI（\%）=（性腺重/纯体重）\times 100 \tag{6-1}$$
$$r/L（grain/mm）=绝对繁殖力/叉长 \tag{6-2}$$
$$r/W（grain/g）=绝对繁殖力/纯体重 \tag{6-3}$$

其中，长度单位精确到 1 mm，重量单位精确到 0.1 g。

利用统计软件 SPSS18.0 进行数据检验和回归分析，对统计数据再利用 Microsoft office Excel 进行图件的绘制。

第二节　结果与分析

一、产卵群体生物学特征

东海中部日本鲭产卵群体的叉长、体重、纯体重、性腺重等生物学特征如表 6-1 所示。由表可见，叉长为 243～369 mm，平均叉长为（293.54±2.80）mm，优势组为 260～330 mm，占 80.39%；体重为 157.0～654.6 g，平均体重为（312.64±10.03）g。经回归拟合，日本鲭产卵群体叉长与体重、叉长与纯体重均符合幂函数关系，其关系式分别为：$W=1.012\,6\times10^{-5}L^{3.029\,2}$（$n=102$，$R^2=0.846\,2$）；$NW=0.905\,4\times10^{-5}L^{3.020\,8}$（$n=102$，$R^2=0.894\,2$）；而体重与纯体重之间符合线性相关关系，其关系式为：$W=0.819\,9NW+9.966\,1$（$n=102$，$R^2=0.980\,7$）。

表 6-1　东海中部日本鲭产卵群体生物学特征

项目	范围	平均值（$\bar{x}\pm SE$）	优势组（%）
叉长/mm	243～369	293.54±2.80	260～330（80.39%）
体重/g	157.0～654.6	312.64±10.03	离散
纯体重/g	137.9～523.4	266.30±8.30	离散
性腺重/g	4.2～99.6	22.42±1.43	10～35（85.29%）

二、性腺和性腺指数 GSI

东海中部日本鲭卵巢重量为 4.2～99.6 g，平均（22.42±1.43）g，优势组为 10～35 g，占 85.29%（表 6-1）。其中，性腺发育为Ⅳ期个体的卵巢重量为 4.16～21.80 g，平均（12.42±0.63）g；性腺发育为Ⅴ期个体的卵巢重量为 9.59～99.60 g，平均（29.43±1.94）g。性腺指数 GSI 为 2.94～19.03，平均（8.05±0.31）。其中性腺发育为Ⅳ期个体的 GSI 为 2.94～9.25，平均（5.81±0.25）；性腺发育为Ⅴ期个体的性腺指数为 4.15～

19.03，平均（9.61±0.40）。从平均 *GSI* 随叉长变化来看，301～320 mm 叉长组的平均 *GSI* 最大，360 mm 以上叉长组次之，241～260 mm 叉长组最小。叉长组从 241～260 mm 到 301～320 mm，平均 *GSI* 表现出快速增加的趋势；叉长组 321～340 mm，平均 *GSI* 反而大幅下降；360 mm 以上叉长，平均 *GSI* 又表现出增加趋势（图 6-1）。ANOVA 分析结果表明，不同叉长组间的 *GSI* 有显著性差异（$F=2.34$，$P=0.047<0.05$）。

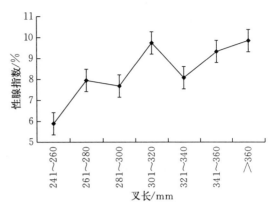

图 6-1　东海中部日本鲭产卵群体 *GSI* 随叉长组的变化

三、繁殖力

样品计数范围内，日本鲭个体绝对繁殖力为 24 770～734 684 粒，平均（145 575±10 067）粒。其中，性腺为Ⅳ期个体的绝对繁殖力为 24 770～161 890 粒，平均（88 824±5 896）粒；性腺为Ⅴ期个体的绝对繁殖力为 56 630～734 684 粒，平均（185 301±111 516）粒。随着叉长组从 241～260 mm 组增大到 321～340 mm 组，绝对繁殖力也从 61 908 粒增加到 301 763 粒，表现出增加的趋势；但叉长增大至 360 mm 以上，绝对繁殖力则略有下降（图 6-2）。ANOVA 分析结果表明，不同叉长组间的绝对繁殖力有极显著性差异（$F=8.57$，$P<0.01$）。

体重相对繁殖力为 175～1 404 粒/g，平均（524±24）粒/g。其中，性腺为Ⅳ期个体的体重相对繁殖力为 175～781 粒/g，平均（413±25）粒/g；性腺为Ⅴ期个体的体重相对繁殖力为 187～1 404 粒/g，平均（602±33）粒/g。体重相对繁殖力随叉长组的变化为：341～360 mm 最大，301～320 mm 次之，241～260 mm 最小（图 6-3）。ANOVA 分析结果表明，不同叉长组间的体重相对繁殖力差异不明显（$F=2.03$，$P=0.081>0.05$）。

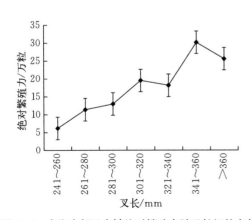

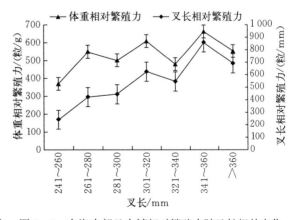

图 6-2　东海中部日本鲭绝对繁殖力随叉长组的变化　　图 6-3　东海中部日本鲭相对繁殖力随叉长组的变化

叉长相对繁殖力为 102～2 070 粒/mm，平均（483±29）粒/mm。其中，性腺为Ⅳ期个体的叉长相对繁殖力为 102～588 粒/mm，平均（320±17）粒/mm；性腺为Ⅴ期个体的叉长相对繁殖力为 192～2 070 粒/mm，平均（598±42）粒/mm。叉长相对繁殖力随叉长组的变化为：341～360 mm 最大，大于 360 mm 次之，241～260 mm 最小。随着叉长组从 241～260 mm 增大到 301～320 mm，叉长相对繁殖力逐渐增大；321～340 mm 略有下降；341～360 mm 达到最大（图 6-3）。ANOVA 分析结果表明，不同叉长组间的叉长相对繁殖力有显著性差异（$F=5.59$，$P<0.05$）。

四、繁殖力与体征的关系

一般来说，鱼类的繁殖力与体长呈幂相关，而与体重呈直线相关。经拟合回归，东海中部日本鲭的绝对繁殖力（F）与叉长（L）和纯体重的（NW）关系分别为：$F=1.447\times10^{-4}L^{3.6173}$（$n=102$，$R^2=0.344\,9$）；$F=635.68NW-28\,690$（$n=102$，$R^2=0.317\,1$）。

通过对 48 尾日本鲭绝对繁殖力与叉长、肛长、头长、眼径、体高、体宽等 6 个长度指标进行多元逐步线性回归分析，发现模型排除叉长、肛长、头长、眼径、体宽等 5 个变量。因此绝对繁殖力（F）仅与体高（BH）呈线性相关，其关系式为：$F=10\,757.76BH-439\,759$（$n=48$，$R=0.739$）。相关鱼类繁殖力与肝重的关系研究结果显示，随着肝重的增加，繁殖力也相应地增加，且逐渐趋向于某一渐近线（凌建忠等，2004）。对日本鲭绝对繁殖力（F）与肝重（HW）数据利用 SPSS 统计软件进行非线性回归分析，模型参数的初值均设为 0.001，然后经 999 次迭代运算，最后得到它们的关系式为：$F=HW/(-1.664\times10^{-6}HW+4.042\times10^{-5})$，$n=48$，$R^2=0.629$，$P<0.001$。

第三节　产卵群体结构组成、繁殖特征和保护措施

一、东海中部日本鲭产卵群体组成结构分析

东海中部日本鲭产卵群体属于东海群系。20 世纪 80 年代初期，该海域日本鲭产卵群体的叉长为 260～370 mm，310～340 mm 为优势组；年龄结构由 2～5 龄组成，3～4 龄占优势（农牧渔业部水产局等，1987）。本章研究显示，目前该海域日本鲭产卵群体叉长范围上限不变，但下限变小，小个体有所增加；根据叉长转换成年龄（西海区水产研究所，2001）组成分析，年龄结构由 1～5 龄组成，以 2～4 龄占优势。与历史相比，目前东海中部日本鲭产卵群体有部分 1 龄鱼加入。本章研究结果表明，目前该海域日本鲭雌鱼最小性成熟叉长为 243 mm，与 20 世纪 80 年代（农牧渔业部水产局和农牧渔业部东海区渔业指挥部，1987）相比下降了 17 mm。据统计，20 世纪 80 年代东海区鲐鱼类（以日本鲭为主）的平均年产量为 10.59 万 t；进入 21 世纪，鲐鱼类的年产量呈波动中上升的趋势，2001—2012 年平均年产量为 25.60 万 t，近 3 年的产量保持在 30 万 t 以上（农业部渔业局，2013）。20 世纪 80 年代，东海区主捕日本鲭的国有机轮围网渔船最多时曾达 28 组，而福建省和浙江省的群众灯光围网合计达 600 余艘（张秋华等，2007）；进入 21 世纪，虽

然国有机轮围网大幅萎缩，但由于群众围网迅速增加，以捕捞中上层鱼类为主的渔船数和功率数均达到了较高的水平（郑元甲等，2014），2003—2011 年东海区围网渔业平均渔船数和平均功率分别为 1 433 艘和 18.08×10⁴ kW。由以上分析可以看出，为了应对高强度的捕捞压力，日本鲭采用了降低性成熟年龄，减小最小性成熟叉长等策略来维持种群的延续。

二、东海中部日本鲭 *GSI* 和繁殖力特征

从海域来看，东海中部日本鲭产卵群体的平均 *GSI* 高于台湾海峡中部（李建生等，2014a）而低于黄海北部（李建生等，2014b）。这种变化的原因可能和不同海域日本鲭的地理种群结构有关，台湾海峡日本鲭的生长速度比东海、黄海的慢，黄海北部日本鲭的产卵群体明显大于其他两个海域。不同海域日本鲭 *GSI* 的变化导致了其繁殖力的差异，两者的变化趋势是一致的。本研究中，日本鲭的绝对繁殖力和叉长相对繁殖力都表现出：当叉长小于 360 mm 时，随着叉长的增大而增加，这可能是由于年龄组的变化引起的；当年龄增大到一定程度时，则表现出下降的趋势。2012 年的样本测定结果表明，日本鲭的卵径为 0.27～1.22 mm，平均为 0.86 mm，优势卵径为 0.70～1.10 mm。与 20 世纪 80 年代（汪伟洋等，1983；颜尤明，1997）相比，平均卵径明显减小，而绝对繁殖力（性腺发育为Ⅴ期）呈上升趋势。这说明日本鲭通过减小卵径、增加繁殖力的繁殖策略来应对外界的捕捞压力和环境胁迫来保证种群的延续。日本鲭的体高和肝重与繁殖力关系较为密切。这可能是因为体高越高其腹腔越大，通过局部特征的扩大能够增加腹腔的容量，这样就能够容纳数量更多的卵子（殷名称，2000）；而肝脏是鱼类营养储存、吸收和运输的器官，肝细胞能够合成卵黄前体物质卵黄蛋白原，为卵母细胞发育与成熟提供物质基础（张士璀等，2002）。

从不同性腺发育阶段来看，东海中部日本鲭产卵群体的性腺重量、GSI 和繁殖力均表现为性腺发育为Ⅴ期的个体明显大于Ⅳ期的个体。这可能是由于Ⅳ期个体的卵还没有完全发育成熟，表现为卵径相对较小，卵巢的重量较小，部分卵粒发育较晚，这可能造成了部分发育较晚的卵粒在计数时被忽略，因此导致Ⅳ期个体的繁殖力计数结果小于Ⅴ期个体。所以，在繁殖力计数时最好采用性腺发育达Ⅴ期的个体更为准确。

三、基于繁殖特征的东海中部日本鲭保护措施

每年 3—5 月，东海群系日本鲭性腺发育成熟，并随水温回升，暖流势力增强，进入闽东、浙江近海产卵，产卵盛期为 3—4 月，在闽东、浙江中南部附近海域出现产卵群体；当年 4—5 月出生的幼鱼，主要分布在浙江省的温台沿岸及岛屿周围海域索饵成长（农牧渔业部水产局和农牧渔业部东海区渔业指挥部，1987；郑元甲等，2003）。因此，东海中部近海同时成为日本鲭的成鱼产卵场和幼鱼索饵场。本章研究表明，目前该海域日本鲭的最小性成熟年龄为 1 龄，没有继续提升的空间，卵径与历史相比也有所减小。因此，面对东海区高强度的捕捞压力，日本鲭自身的调控机制进一步发挥作用的可能性已经不大。但

是，日本鲭作为主要的中上层鱼类，个体繁殖力巨大，生长速度较快，通过保护产卵亲鱼能够更加有效地激发其资源潜力。为了保证这一种群的延续并达到可持续利用，渔业管理部门有必要考虑于日本鲭产卵期在温台近海设立亲鱼资源保护区和特别休渔期。该海域同时也是鳀（*Engraulis japonicus*）、蓝圆鲹（*Decapterus maruadsi*）、竹筴鱼（*Trachurus japonicus*）等中上层鱼类的产卵场和索饵场（农牧渔业部水产局和农牧渔业部东海区渔业指挥部，1987），设立保护区和特别休渔期不仅可以保护日本鲭，同时也可以保护其他中上层鱼类的产卵群体和幼鱼。

参 考 文 献

陈卫忠，胡芬，严利平，1998. 用实际种群分析法评估东海鲐鱼现存资源量 [J]. 水产学报，22（4）：334 - 339.

程家骅，林龙山，2004. 东海区鲐鱼生物学特征及其渔业现状的分析研究 [J]. 海洋渔业，26（2）：73 - 78.

邓景耀，赵传细，1991. 海洋渔业生物学 [M]. 北京：中国农业出版社：413 - 452.

李建生，胡芬，严利平，2014a. 台湾海峡中部日本鲭产卵群体生物学特征的初步研究 [J]. 应用海洋学学报，33（2）：198 - 203.

李建生，严利平，胡芬，2014b. 黄海北部日本鲭繁殖群体生物学特征的年代际变化 [J]. 中国水产科学，21（3）：567 - 573.

李建生，严利平，凌建忠，等，2010. 2009 年东黄海机轮围网渔业监测动态分析 [J]. 现代渔业信息，25（8）：3 - 5.

凌建忠，程家骅，任一平，等，2004. 东海带鱼主要体征与个体繁殖力的关系 [J]. 中国水产科学，11（2）：116 - 120.

刘勇，严利平，程家骅，2006. 东海北部和黄海南部鲐鱼生长特性及合理利用 [J]. 中国水产科学，13（5）：814 - 822.

刘勇，严利平，胡芬，等，2005. 东海北部和黄海南部鲐鱼年龄和生长的研究 [J]. 海洋渔业，27（2）：133 - 138.

农牧渔业部水产局，农牧渔业部东海区渔业指挥部，1987. 东海区渔业资源调查和区划 [M]. 上海：华东师范大学出版社：392 - 400.

农业部渔业局，2014. 2013 年中国渔业统计年鉴 [J]. 北京：中国农业出版社.

汪伟洋，卢振彬，颜尤明，等，1983. 闽中-闽东渔场春汛鲐鱼的生物学特性 [J]. 海洋渔业，5（2）：51 - 55.

王凯，严利平，程家骅，等，2007. 东海鲐鱼资源合理利用的研究 [J]. 海洋渔业，29（4）：337 - 343.

西海区水产研究所，2001. 东海・黄海主要水产资源的生物、生态特性——中日间见解的比较 [M]. 日本长崎：日本纸工印刷：438 - 448.

严利平，李建生，凌建忠，等，2010. 应用体长结构 VPA 评估东海西部日本鲭种群资源量 [J]. 渔业科学进展，31（2）：16 - 22.

严利平，张辉，李圣法，等，2012. 东、黄海日本鲭种群鉴定和划分的研究进展 [J]. 海洋渔业，

34（2）：217-221.

颜尤明，1997. 福建近海鲐鱼的生物学［J］. 海洋渔业，19（2）：69-73.

殷名称，2000. 鱼类生态学［M］. 北京：中国农业出版社：105-131.

张秋华，程家骅，徐汉祥，等，2007. 东海区渔业资源及其可持续利用［M］. 上海：复旦大学出版社：212-218.

张士璀，孙旭彤，李红岩，2002. 卵黄蛋白原研究及其进展［J］. 海洋科学，26（7）：32-35.

郑元甲，陈雪忠，程家骅，等，2003. 东海大陆架生物资源与环境［M］. 上海：上海科学技术出版社：348-357.

郑元甲，李建生，张其永，等，2014. 中国重要海洋中上层经济鱼类生物学研究进展［J］. 水产学报，38（1）：149-160.

中华人民共和国质量监督检验检疫总局和中国国家标准化管理委员会，2007. 海洋调查规范（GB 12763.6-2007）［S］. 北京：中国标准出版社.

周永东，张洪亮，徐汉祥，等，2011. 应用体长股分析法估算东海区日本鲭资源量［J］. 浙江海洋学院学报（自然科学版），30（2）：91-94.

HIYAMA Y，YODA M，OHSIMO S，2002. Stock size fluctuations in chub mackerel（Scomber japonicus）in the East China Sea and the Japan/East sea［J］. Fisheries oceanography，11（6）：347-353.

KOBAYASHI T，ISHIBASHI R，YAMAMOTO S，et al.，2011. Gonadal morphogenesis and sex differentiation in cultured chub mackerel，Scomber japonicas［J］. Aquaculture research，42（2）：230-239.

SHIRAISHI T，OHTA K，YAMAGUCHI A，et al.，2005. Reproductive parameters of the chub mackerel Scomber japonicus estimated from human chorionic gonadotropin-induced final oocyte maturation and ovulation in captivity［J］. Fisheries science，71（3）：531-542.

WATANBE C，YATSU A，2006. Long-term changes in maturity at age of chub mackerel（Scomber japonicus）in relation to population declines in the waters off Northeastern Japan［J］. Fisheries research，（78）：323-332.

YUKAMI R，OHSHIMO S，YODA M，et al.，2009. Estimation of the spawning grounds of chub mackerel Scomber japonicus and spotted mackerel Scomber australasicus in the East China Sea based on catch statistics and biometric data［J］. Fisheries science，75（1）：167-174.

第七章 东海中部日本鲭繁殖群体年龄与生长特征研究

　　根据 2021 年 3—4 月在东海中部采集的日本鲭（*Scomber japonicus*）繁殖群体样本，通过耳石轮纹判读、生长逆算和生长方程拟合分析了其群体结构与生长特征。结果表明：日本鲭繁殖群体中雌雄个体之间的叉长和体质量关系不存在显著性差异（$F=0.376$，$P=0.54>0.05$）；雌雄合计的年龄结构为 1～7 龄，优势年龄组为 1～2 龄，占比 73.63%；3 龄及 3 龄以下，雌性数量多于雄性；3 龄以上，雌雄数量基本相当，但雌性缺少高龄个体。叉长与体质量关系式为：$W=0.8837\times10^{-6}FL^{3.47}$。线性函数关系是叉长和耳石半径关系的最优解，其关系式为 $FL=184.09R-112.73$。利用 4 种模型逆算出的叉长和年龄数据来拟合 Von Bertalanffy、Gompertz 和 Logistic 等 3 种生长方程并进行比较，其中用 Dahl-Lea 模型逆算的 Von Bertalanffy 方程的 AIC 值和 BIC 值均最小，因此选择其作为最佳生长方程，得到的 Von Bertalanffy 叉长生长方程为 $FL_t=427.18\left[1-\mathrm{e}^{-0.23(t+2.5)}\right]$；体质量生长方程为 $W_t=1\,187.20\left[1-\mathrm{e}^{-0.23(t+2.5)}\right]^{3.47}$。经过二阶求导，得到拐点年龄为 2.91 龄，对应的拐点体质量和叉长分别为 365.03 g 和 304.09 mm，可以作为今后制定日本鲭开捕规格的重要参考依据。

　　日本鲭（*Scomber japonicus*）广泛分布于印度洋、大西洋和太平洋亚热带、温带大陆架海域（郑元甲等，2014），属近海中上层洄游性鱼类。东海、黄海是日本鲭的重要洄游分布区（Hwang et al.，2008），资源蕴藏量丰富，经济价值较高，是中国（包括中国台湾）、日本、韩国和朝鲜的共同捕捞对象。20 世纪 80 年代以来，中国围网（包括灯光敷网）和中上层拖网渔业不断发展，近海底层渔业资源持续衰退，捕捞努力量持续增长，东海、黄海日本鲭资源被充分开发，渔获组成趋于小型化和低龄化，资源呈现过度捕捞迹象（郑元甲等，2003；武胜男等，2020）。

　　东海海域存在 2 个群系日本鲭，分别是闽南-粤东地方群系和东海群系，其中东海群系日本鲭资源数量较大，每年在繁殖和越冬季节进行远距离洄游（李建生等，2020），营养级联作用又促进了生态系统多物种的竞争或共存。东海中部海域是东海群系日本鲭重要的越冬场、产卵场和索饵场（李建生等，2020），是我国日本鲭捕捞产量的主要来源地（李纲等，2011）。鉴于日本鲭较高的经济价值和生态功能，国内学者对其形态、繁殖生物学、资源评估及栖息地分布特征等方面进行了较为深入的研究（武胜男等，2020；刘楚珠等，2011；Yoshiaki et al.，2002；程家骅等，2004；李建生等，2015），但东海中部日本鲭的基本生物学习性，尤其是年龄和生长特征的研究仍有待深入分析。鱼类年龄和生长参数的精准估计是掌握鱼类种群动态和结构的关键方向，也是种群资源评估极为重要的参数。国内外学者对不同海域日本鲭的年龄生长特征做过大量研究（刘勇等，2005；Li et al.，2008；Go et al.，2020；Masanori et al.，2014）。近些年来，国外学者多研究日本鲭生长特征与环境等因素之间关系，国内学者则对日本鲭年龄鉴定方法及年轮形成时间的研究较多。刘勇等（2005）通过耳石年轮分析了黄海南部和东海北部鲐鱼的年龄和生长，仅使用线性模型逆算日本鲭叉长，但未考虑不同逆算模型的适用性；李纲等（2008）依据东海、黄海日本鲭耳石及其出生日期判断年龄拟合生长方程，根据出生日期校正年龄只能宏观判断日本鲭群体的产卵日期，易将同龄鱼划分到不同世代。本研究利用二甲苯浸泡耳石方法对日本鲭进行了年龄鉴定，通过逆算模型进行年龄-叉长校正，从而应用多模型推断方法准确识别日本鲭生长模式，以期为渔业资源评估和管理提供参考依据。

第一节　材料与方法

一、样品来源与测定方法

日本鲭样品的采样时间为 2021 年 3—4 月，采样地点为沙外、鱼山、温台和温外 4 个渔场，其中在沙外渔场采集样品 75 尾，鱼山渔场采集样品 60 尾，温台渔场采集样品 76 尾，温外渔场采集样品 100 尾。样品采自围网及拖网船捕捞的渔获物，采样方法为随机取样，海上取样并冷冻保存后，在实验室测定各项生物学指标。测定项目主要包括叉长（精确至 1 mm）、体质量（精确至 0.01 g）、纯体质量、性腺质量、性别、性腺成熟度、雌鱼怀卵量。根据海洋调查规范的标准进行性腺成熟度发育期鉴定，以性腺发育成熟度达到Ⅲ期及以上作为日本鲭性成熟的标志。统一选择左矢耳石来鉴别年龄，共对 311 尾性腺Ⅲ期及以上的日本鲭进行了年龄鉴定，其中雌性 185 尾，雄性 126 尾。之后对鱼山、温台和温外渔场的 61 尾样品测量了其轮径及耳石半径。

二、耳石处理与年轮判别

耳石处理的实验步骤如下：a. 首先将取出的矢耳石用毛刷将其表面的残留物擦除干净；b. 使用流水冲洗后干燥密封保存；c. 读取耳石年轮数据前，依据耳石体积的大小将干燥无异物的矢耳石放置于二甲苯溶液中浸泡 10 s～1 h，体积大的耳石浸泡时间久，体积小的浸泡时间短；d. 将矢耳石放在滴加甘油溶液的载玻片上，利用 Olympus SZ11 显微镜的 4 倍目镜观察年轮。

年轮判别的关键是耳石核心的确定。主要方法是通过耳石最长轴与最短轴的交点来定位耳石核心（图 7-1），耳石半径是从核心点 O 到耳石后区边缘的长度，即图 7-1 中 R，年轮径长度的测量也是以最长轴与各年轮的交点为准，即图 7-1 中的 r_1、r_2、r_3 和 r_4。每一个耳石均由 2 人独立判读并计数，若判读一致则认为年龄判断正确；若不一致，则重新判读并讨论结果。

日本鲭的年轮由 1 条冬轮和 1 条夏轮组成。经过二甲苯浸泡后，在直射灯下耳石上的冬轮呈现半透明状，夏轮依然呈现乳白色，黑箭头指向冬轮，白箭头指向夏轮（图 7-2）。

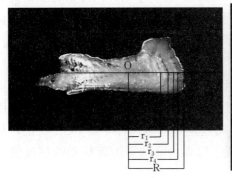 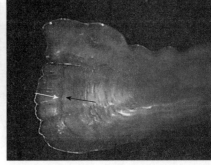

图 7-1　日本鲭耳石测量示意图　　　图 7-2　日本鲭耳石年轮判别示意图

三、计算公式

使用幂函数拟合日本鲭叉长-体质量的关系，关系式如下：

$$W=aFL^b \qquad (7-1)$$

式（7-1）中，W 为日本鲭体质量（g），FL 为日本鲭叉长（mm），a、b 为参数。

分别通过线性方程、幂函数方程和指数函数方程拟合叉长与耳石半径的关系式，其表达式为：

$$线性关系：FL=a_1+b_1×R \qquad (7-2)$$
$$幂函数关系：FL=a_2×R^{b_2} \qquad (7-3)$$
$$指数函数关系：FL=a_3×e^{b_3R} \qquad (7-4)$$

式（7-2）～式（7-4）中，R 为耳石半径，即耳石中心至耳石后区重点的直线距离，耳石半径和年轮径在同一直线上测量；a_1、a_2、b_2、a_3、b_3 为回归系数；b_1 为方程截距。

通过赤池信息量标准（AIC）对所拟合的 3 种叉长与耳石半径关系式结果进行检验。选取 AIC 值最小的关系式作为最适关系。AIC 表达式为：

$$AIC=nl_n\left(\frac{R_{ss}}{n}\right)+2k \qquad (7-5)$$

式（7-5）中，n 为样本数量；R_{ss} 为残差平方和，即规划求解后的最小值；k 为模型参数个数。

将叉长与耳石半径最适关系式的参数代入叉长逆算模型。如果是幂函数关系最优则选择 Monastyrsky 法；如果是线性关系最优则选择 Fraser-Lee's 法、Dahl-Lea 法、SPH 法、BPH 法；如果指数关系最优则可直接通过指数回归关系计算。

$$Fraser-Lee's： \qquad L_n=\left(\frac{R_n}{R}\right)×（FL-b_1）+b_1 \qquad (7-6)$$

Dahl－Lea：
$$L_n = \frac{R_n}{R} FL \tag{7-7}$$

SPH：
$$L_n = \frac{R_n}{R}\left(FL + \frac{a_1}{b_1}\right) - \frac{a_1}{b_1} \tag{7-8}$$

BPH：
$$L_n = FL \frac{a_1 + R_n}{a_1 + a_1 R} \tag{7-9}$$

Monastyrsky：
$$L_n = \left(\frac{R_n}{R}\right)^{b_2} - FL \tag{7-10}$$

式（7-6）~式（7-10）中，L_n 为第 n 龄逆算后叉长（mm），R 为耳石半径，R_n 第 n 龄的年轮径（mm），a_1 为式（7-2）中参数，b_1 为耳石半径-叉长线性回归关系式中的截距，b_2 为耳石半径与叉长的幂函数回归系数。

根据逆算后的叉长和年龄，分别使用 von Bertalanffy（VGBF）、Logistic 和 Gompertz 方程拟合日本鲭生长方程，选取 AIC 值和贝叶斯信息准则（BIC）值最小的方程作为日本鲭生长方程最优解。

von Bertalanffy（VGBF）生长方程如下：
$$FL_t = FL_\infty(1 - e^{-k(t - t_0)}) \qquad W_t = W_\infty(1 - e^{-k(t - t_0)})^b \tag{7-11}$$

Gompertz 方程如下：
$$L_t = L_\infty e^{-e^{-g(t - t_0)}} \tag{7-12}$$

Logistic 方程如下：
$$L_t = L_\infty(1 + e^{-g(t - t_0)})^{-1} \tag{7-13}$$

式（7-11）~式（7-13）中，FL_t 表示 t 龄时的叉长；L_∞ 表示理论上可能达到的最大叉长；k 表示生长系数；t_0 表示 0 龄时的理论长度；g 为常数；b 为叉长与体质量关系式中的参数 b。

使用 AIC 与贝叶斯信息量（BIC）对不同逆算模型拟合的生长方程进行比较选择，AIC 和 BIC 最小的方程作为日本鲭生长方程最优解。BIC 表达式如下：
$$BIC = n l_n\left(\frac{Rss}{n}\right) + k l_n n \tag{7-14}$$

式（7-14）中，n 为样本数；Rss 为残差平方和，即规划求解后的最小值；k 为模型参数个数。

所有图表制作和数据分析用 Excel 2016 和 SPSS 16.0 完成。

第二节　结果与分析

一、群体结构

311 尾日本鲭叉长范围 218~403 mm（图 7-3），优势叉长组为 271~310 mm，占总数的 47%；雌性日本鲭叉长范围 218~384 mm，优势叉长组为 271~310 mm，占总数的

46%；雄性日本鲭叉长范围 245～403 mm，优势叉长组为 271～310 mm，占总数的 48%。

311 尾日本鲭体质量范围 91.6～932.2 g（图 7-4），优势体质量组为 200～400 g，占总数的 50.48%；雌性日本鲭体质量范围 91.60～810.80 g，优势体质量组为 200～500 g，占总数的 69%；雄性日本鲭体质量范围 154.00～932.30 g，优势体质量组为 200～400 g，占总数的 51%。

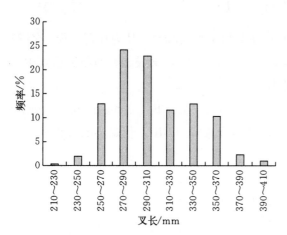

图 7-3　日本鲭繁殖群体叉长分布

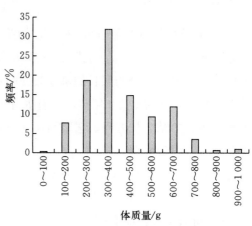

图 7-4　日本鲭繁殖群体体质量分布

协方差分析结果显示雌性和雄性间叉长与体质量关系不存在显著性差异（$F=0.376$，$P=0.54>0.05$）。因此，将 311 尾雌雄样本数据合并分析叉长和体质量的相关关系。经回归分析，叉长和体质量符合幂函数关系（图 7-5），其关系式为：$W=0.883\ 7\times10^{-6}FL^{3.47}$，$R^2=0.857\ 8$。用 t 检验分析 b 值与 3 之间是否存在显著性差异，经检验本研究得到的 b 值与 3 之间存在极显著差异（$t=103.61$，$P=0.001\ 06<0.01$）。

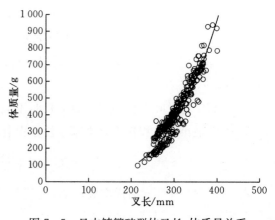

图 7-5　日本鲭繁殖群体叉长-体质量关系

二、年龄结构

对日本鲭各年龄组不同性别的样本数量和平均叉长进行统计（表 7-1）。结果显示：雌性日本鲭年龄结构为 1^+～5^+ 龄，优势年龄组为 1^+～2^+ 龄，占比 74.06%；雄性日本鲭年龄结构为 1^+～7^+ 龄，优势年龄组为 1^+～2^+ 龄，占比 73.01%；雄性年龄组成范围明显大于雌性。总体而言，无论雌性还是雄性，叉长都表现出随着年龄增加逐渐增加的趋势。

表7-1 日本鲭各年龄组样本数和平均叉长

年龄	雌性样本数	雌性平均 叉长/mm	雄性样本数	雄性平均 叉长/mm	总体平均 叉长/mm
1^+	72	272.40±14.47	50	272.40±10.48	272.61±12.98
2^+	65	306.70±11.19	42	306.80±11.32	306.75±11.24
3^+	27	339.40±5.62	13	342.30±5.89	340.33±5.87
4^+	16	359.80±4.86	16	362.20±5.75	361.00±5.45
5^+	5	375.20±4.87	2	376.50±4.50	375.57±4.81
6^+	—	—	1	392.00	392.00
7^+	—	—	2	402.50±0.50	402.50±0.50

三、耳石半径与叉长关系

分别使用幂函数、线性函数和指数函数拟合日本鲭繁殖群体叉长与耳石半径的关系（表7-2），依据 R^2 最大和 AIC 值最小的原则选择最适关系式。由表7-2可见，在3种关系式中，线性函数关系是叉长和耳石半径关系的最优解，其关系式为 $FL=184.09R-112.73$。

对日本鲭繁殖群体不同年龄组耳石半径、年轮径和实测叉长进行统计（表7-3）。由表7-3可以看出，日本鲭耳石年轮径 R 和实测叉长都随年龄的增加而变大；同一年龄组的 r 值随年轮的增加而变大；同一年轮不同年龄组之间在1~3轮时随年龄的增加呈现减小的趋势，但在4~6轮时则呈上下波动，没有持续减小的趋势。

表7-2 日本鲭繁殖群体耳石半径和叉长关系

方程	表达式	残差平方和 R^2	赤迟信息量标准 AIC
幂函数	$FL=99.292R^{1.3661}$	0.9701	229.412
线性函数	$FL=184.09R-112.73$	0.9748	228.587
指数函数	$FL=79.997e^{0.586R}$	0.9641	240.836

表7-3 日本鲭繁殖群体不同年龄组耳石半径、年轮径、实测叉长（mm）

年龄组	R	r_1	r_2	r_3	r_4	r_5	r_6	r_7	实测叉长
1^+	2.03± 0.077	1.85± 0.037	—	—	—	—	—	—	264.30± 20.47
2^+	2.32± 0.083	1.83± 0.020	2.07± 0.027	—	—	—	—	—	310.00± 12.15
3^+	2.46± 0.020	1.81± 0.020	2.05± 0.025	2.23± 0.041	—	—	—	—	341.50± 6.50

（续）

年龄组	R	r_1	r_2	r_3	r_4	r_5	r_6	r_7	实测叉长
4^+	2.56± 0.044	1.8± 0.050	2.03± 0.051	2.2± 0.053	2.32± 0.041	—	—	—	358.92± 5.31
5^+	2.66± 0.021	1.75± 0.014	1.96± 0.021	2.15± 0.018	2.3± 0.021	2.42± 0.031	—	—	376.00± 4.93
6^+	2.76	1.7	1.93	2.15	2.32	2.46	2.52	—	392.00
7^+	2.83± 0.001	1.72± 0.009	1.92± 0.001	2.11± 0.007	2.23± 0.008	2.42± 0.008	2.53± 0.008	2.63± 0.002	402.5± 0.50

四、基于逆算模型的逆算叉长对比

根据四种逆算模型分别作出区分性别的逆算叉长（表 7-4）和不区分性别的逆算叉长（表 7-5）。对比实测叉长值后发现，经过 4 种逆算模型逆算的叉长值均小于实测值，基于 Dahl-Lea 模型逆算后的雌雄各龄叉长和不分性别逆算的各龄叉长均大于其他 3 种模型，也是 4 种模型中最接近实测平均叉长的模型，而 SPH 模型逆算后得到的雌雄各龄叉长和不分性别逆算后的各龄叉长值均小于其他 3 种模型。经独立 t 检验分析，四种模型逆算后的雌雄日本鲭叉长差异不显著（$P>0.05$）。

表 7-4 不同性别的日本鲭逆算叉长（mm）

年龄	Dahl-Lea		Fraser-Lee		SPH		BPH	
	雌性叉长	雄性叉长	雌性叉长	雄性叉长	雌性叉长	雄性叉长	雌性叉长	雄性叉长
1^+	248.46± 4.97	250.03± 6.3	227.71± 8.21	226.52± 8.64	226.71± 8.55	225.45± 8.866	227.71± 8.13	226.55± 8.58
2^+	279.79± 5.82	281.96± 6.64	264.29± 6.81	264.85± 8.17	263.75± 7.06	264.37± 8.52	264.33± 6.81	264.93± 8.33
3^+	308.56± 7.05	308.60± 7.97	297.67± 9.77	295.95± 9.41	297.22± 9.97	295.3± 9.51	297.72± 9.8	295.9± 9.36
4^+	323.89± 4.76	328.55± 7.02	314.56± 5.25	317.36± 6.76	314.00± 5.05	316.91± 6.76	314.56± 5.25	317.45± 6.68
5^+	343.67± 2.08	348.4± 8.59	336.33± 1.53	338.60± 8.41	335.33± 1.53	338.00± 8.86	336.33± 6.81	338.6± 8.41
6^+	—	365.67± 6.81		357.67± 6.81		357.33± 6.66		357.67± 6.81
7^+	—	380.00		374.5± 0.71		374.00		374.5± 0.71

表 7-5　不分性别的日本鲭逆算叉长（mm）

年龄	Dahl-Lea 叉长	Fraser-Lee 叉长	SPH 叉长	BPH 叉长
1+	248.26±8.24	223.92±9.45	222.56±9.71	223.95±9.27
2+	280.94±6.3	262.67±8.06	261.65±8.27	262.71±8.08
3+	308.58±7.45	295.37±9.95	294.47±10	295.34±9.94
4+	326.45±6.41	314.85±6.29	314.25±6.25	314.9±6.32
5+	346.62±7.03	336.5±6.59	336.12±6.85	336.5±6.59
6+	365.67±6.81	357.33±6.66	356.67±6.81	357.33±6.66
7+	380.00	374.00	373.5±0.71	374.00

五、基于逆算模型拟合的 3 种长方程比较

（一）基于 Dahl-Lea 逆算模型拟合生长方程比较

基于 Dahl-Lea 逆算出的结果拟合生长方程（表 7-6、表 7-7、表 7-8），由卡方检验发现雌雄 VGBF 方程无显著差异（$P=0.18>0.05$），因此将雌雄逆算叉长的数据合并在一起拟合方程，生长参数为 $L_\infty=427.18$，$k=0.23$，$t_0=-2.5$；根据 Gompertz 方程拟合后发现雌雄日本鲭无差异（$P=0.18>0.05$），生长参数为 $L_\infty=414.84$，$g=0.27$，$r=-1.51$；根据 Logistic 方程拟合后发现雌雄日本鲭生长方程无差异因此合并拟合生长方程（$P=0.166>0.05$），生长参数为 $L_\infty=401.44$，$a=0.35$，$r=-0.41$。经 AIC 和 BIC 值的对比（表 7-9），基于 Dahl-Lea 逆算模型拟合的生长方程显示 VGBF 方程最适合日本鲭繁殖群体生长特征，且雌雄生长无差异，因此选择合并性别的 VGBF 方程作为最适方程。

表 7-6　雌雄日本鲭 von Bertalanffy 方程卡方检验

模型	假设项	卡方值	自由度	P 值
von Bert	雌 L_∞＝雄 L_∞	0.89	1	0.345
von Bert	雌 k＝雄 k	0.67	1	0.413
von Bert	雌 t_0＝雄 t_0	0.57	1	0.450
von Bert	雌 L_∞＝雄 L_∞；雌 k＝雄 k；雌 t_0＝雄 t_0	4.89	3	0.180

表 7-7　雌雄日本鲭 Gompertz 方程卡方检验

模型	假设项	卡方值	自由度	P 值
Gompertz	雌 L_∞＝雄 L_∞	0.89	1	0.345
Gompertz	雌 k＝雄 k	0.67	1	0.413
Gompertz	雌 t_0＝雄 t_0	0.57	1	0.450
Gompertz	雌 L_∞＝雄 L_∞；雌 k＝雄 k；雌 t_0＝雄 t_0	4.89	3	0.180

表 7 - 8　雌雄日本鲭 Logistic 方程卡方检验

模型	假设项	卡方值	自由度	P 值
Logistic	雌 L_∞＝雄 L_∞	1.18	1	0.277
Logistic	雌 k＝雄 k	0.74	1	0.390
Logistic	雌 t_0＝雄 t_0	0.54	1	0.462
Logistic	雌 L_∞＝雄 L_∞；雌 k＝雄 k；雌 t_0＝雄 t_0	5.08	3	0.166

表 7 - 9　三种日本鲭生长方程的比较

方程	AIC 自由度	AIC	BIC 自由度	BIC
von Bertalanffy	4	1 252.928	4	1 265.766
Gompertz	4	1 254.679	4	1 267.517
Logisitic	4	1 256.876	4	1 269.714

（二）基于 Fraser - lee 逆算模型拟合生长方程比较

基于 Fraser - lee 模型逆算出的结果拟合生长方程（表 7 - 10、表 7 - 11、表 7 - 12），由卡方检验发现雌雄 VGBF 方程无显著差异，因此将雌雄逆算叉长的数据合并在一起拟合方程（P＝0.866＞0.05），生长参数为 L_∞＝420.30，k＝0.22，t_0＝－2.49；根据 Gompertz 方程拟合后发现雌雄日本鲭无差异（P＝0.854＞0.05），生长参数为 L_∞＝397.91，g＝0.32，r＝－0.76；根据 Logistic 方程拟合后发现雌雄日本鲭生长方程无差异因此合并拟合生长方程（P＝0.842＞0.05），生长参数为 L_∞＝384.48，a＝0.42，r＝0.18。经 AIC 和 BIC 值的对比（表 7 - 13），基于 Fraser - lee 逆算模型拟合的生长方程显示 VGBF 方程最适合日本鲭繁殖群体生长特征，且雌雄生长无差异，因此选择合并性别的 VGBF 方程作为最适方程。

表 7 - 10　雌雄日本鲭 von Bertalanffy 方程卡方检验

模型	假设项	卡方值	自由度	P 值
von Bert	雌 L_∞＝雄 L_∞	0.18	1	0.671
von Bert	雌 k＝雄 k	0.12	1	0.729
von Bert	雌 t_0＝雄 t_0	0.07	1	0.791
von Bert	雌 L_∞＝雄 L_∞；雌 k＝雄 k；雌 t_0＝雄 t_0	0.73	3	0.866

表 7 - 11　雌雄日本鲭 Gompertz 方程卡方检验

模型	假设项	卡方值	自由度	P 值
Gompertz	雌 L_∞＝雄 L_∞	0.24	1	0.624
Gompertz	雌 k＝雄 k	0.13	1	0.718

（续）

模型	假设项	卡方值	自由度	P 值
Gompertz	雌 t_0＝雄 t_0	0.00	1	1.000
Gompertz	雌 L_∞＝雄 L_∞；雌 k＝雄 k；雌 t_0＝雄 t_0	0.78	3	0.854

表 7-12　雌雄日本鲭 Logistic 方程卡方检验

模型	假设项	卡方值	自由度	P 值
Logistic	雌 L_∞＝雄 L_∞	0.31	1	0.578
Logistic	雌 k＝雄 k	0.15	1	0.699
Logistic	雌 t_0＝雄 t_0	0.27	1	0.603
Logistic	雌 L_∞＝雄 L_∞；雌 k＝雄 k；雌 t_0＝雄 t_0	0.83	3	0.842

表 7-13　三种日本鲭生长方程的比较

方程	AIC 自由度	AIC	BIC 自由度	BIC
von Bertalanffy	4	1 320.164	4	1 333.302
Gompertz	4	1 322.398	4	1 335.326
Logisitic	4	1 325.378	4	1 338.216

（三）基于 SPH 逆算模型拟合生长方程比较

基于 SPH 逆算出的结果拟合生长方程（表 7-14、表 7-15、表 7-16），由卡方检验发现雌雄 VGBF 方程无显著差异，因此将雌雄逆算叉长的数据合并来拟合方程（$P＝0.890＞0.05$），生长参数为 $L_\infty＝419.93$，$k＝0.22$，$t_0＝-2.46$；根据 Gompertz 方程拟合后发现雌雄日本鲭无差异（$P＝0.880＞0.05$），生长参数为 $L_\infty＝397.33$，$g＝0.32$，$r＝-0.72$；根据 Logistic 方程拟合后发现雌雄日本鲭生长方程无差异因此合并拟合生长方程（$P＝0.868＞0.05$），生长参数为 $L_\infty＝383.81$，$a＝0.42$，$r＝0.21$。经 AIC 和 BIC 值的对比（表 7-17），基于 SPH 逆算模型拟合的生长方程显示 VGBF 方程最适合日本鲭繁殖群体生长特征，且雌雄生长无差异，因此选择合并性别的 VGBF 方程作为最适方程。

表 7-14　雌雄日本鲭 von Bertalanffy 方程卡方检验

模型	假设项	卡方值	自由度	P 值
von Bert	雌 L_∞＝雄 L_∞	0.17	1	0.680
von Bert	雌 k＝雄 k	0.11	1	0.740
von Bert	雌 t_0＝雄 t_0	0.07	1	0.791
von Bert	雌 L_∞＝雄 L_∞；雌 k＝雄 k；雌 t_0＝雄 t_0	0.63	3	0.890

表 7 - 15　雌雄日本鲭 Gompertz 方程卡方检验

模型	假设项	卡方值	自由度	P 值
Gompertz	雌 L_∞＝雄 L_∞	0.22	1	0.639
Gompertz	雌 k＝雄 k	0.13	1	0.718
Gompertz	雌 t_0＝雄 t_0	0.01	1	0.920
Gompertz	雌 L_∞＝雄 L_∞；雌 k＝雄 k；雌 t_0＝雄 t_0	0.67	3	0.880

表 7 - 16　雌雄日本鲭 Logistic 方程卡方检验

模型	假设项	卡方值	自由度	P 值
Logistic	雌 L_∞＝雄 L_∞	0.29	1	0.590
Logistic	雌 k＝雄 k	0.14	1	0.708
Logistic	雌 t_0＝雄 t_0	0.27	1	0.603
Logistic	雌 L_∞＝雄 L_∞；雌 k＝雄 k；雌 t_0＝雄 t_0	0.72	3	0.868

表 7 - 17　三种日本鲭生长方程的比较

方程	AIC 自由度	AIC	BIC 自由度	BIC
von Bertalanffy	4	1 326.583	4	1 339.421
Gompertz	4	1 328.722	4	1 341.610
Logisitic	4	1 331.711	4	1 344.549

（四）基于 BPH 逆算模型拟合生长方程比较

基于 BPH 逆算出的结果拟合生长方程（表 7 - 18、表 7 - 19、表 7 - 20），由卡方检验发现雌雄 VGBF 方程无显著差异，因此将雌雄逆算叉长的数据合并来拟合方程（$P=0.861>0.05$），生长参数为 $L_\infty=420.37$，$k=0.22$，$t_0=-2.50$；根据 Gompertz 方程拟合后发现雌雄日本鲭无差异（$P=0.849>0.05$），生长参数为 $L_\infty=397.97$，$g=0.32$，$r=-0.76$；根据 Logistic 方程拟合后发现雌雄日本鲭生长方程无差异，因此合并拟合生长方程（$P=0.837>0.05$），生长参数为 $L_\infty=384.53$，$a=0.42$，$r=0.28$。经 AIC 和 BIC 值的对比（表 7 - 21），基于 BPH 逆算模型拟合的生长方程显示 VGBF 方程最适合日本鲭繁殖群体生长特征，且雌雄生长无差异，因此选择合并性别的 VGBF 方程作为最适方程。

表 7 - 18　雌雄日本鲭 von Bertalanffy 方程卡方检验

模型	假设项	卡方值	自由度	P 值
von Bert	雌 L_∞＝雄 L_∞	0.18	1	0.671
von Bert	雌 k＝雄 k	0.12	1	0.729
von Bert	雌 t_0＝雄 t_0	0.08	1	0.777
von Bert	雌 L_∞＝雄 L_∞；雌 k＝雄 k；雌 t_0＝雄 t_0	0.75	3	0.861

表 7 - 19　雌雄日本鲭 Gompertz 方程卡方检验

模型	假设项	卡方值	自由度	P 值
Gompertz	雌 L_∞＝雄 L_∞	0.24	1	0.624
Gompertz	雌 k＝雄 k	0.14	1	0.708
Gompertz	雌 t_0＝雄 t_0	0.00	1	1.000
Gompertz	雌 L_∞＝雄 L_∞；雌 k＝雄 k；雌 t_0＝雄 t_0	0.80	3	0.849

表 7 - 20　雌雄日本鲭 Logistic 方程卡方检验

模型	假设项	卡方值	自由度	P 值
Logistic	雌 L_∞＝雄 L_∞	0.31	1	0.578
Logistic	雌 k＝雄 k	0.16	1	0.689
Logistic	雌 t_0＝雄 t_0	0.24	1	0.624
Logistic	雌 L_∞＝雄 L_∞；雌 k＝雄 k；雌 t_0＝雄 t_0	0.85	3	0.837

表 7 - 21　三种日本鲭生长方程的比较

方程	AIC 自由度	AIC	BIC 自由度	BIC
von Bertalanffy	4	1 317.588	4	1 330.426
Gompertz	4	1 319.855	4	1 332.693
Logisitic	4	1 322.875	4	1 335.713

（五）基于 Dahl - Lea 模型拟合生长方程

依据四种模型逆算出的叉长和年龄数据拟合生长方程，由于利用 Dahl - Lea 模型逆算的 VGBF 方程的 AIC 值和 BIC 值均最低（表 7 - 9、表 7 - 13、表 7 - 17、表 7 - 21），因此选择其作为日本鲭繁殖群体的最佳生长方程。经拟合日本鲭繁殖群体的 VGBF 方程，叉长生长方程中的参数分别为：L_∞＝427.18 mm，k＝0.23，t_0＝－2.5 yr；体质量生长方程中的参数分别为：W_∞＝1 187.20 g，k＝0.23，t_0＝－2.5 yr。其生长曲线如图 7 - 6 所示。

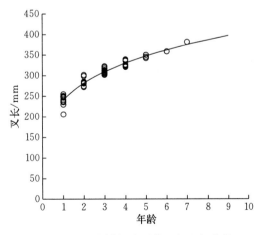

图 7 - 6　日本鲭繁殖群体叉长生长曲线

由于生长曲线只能反映生长过程的总和。因此为研究生长随年龄的变化特征，需分别对日本鲭叉长、体质量生长方程一阶求导、二阶求导，得出叉长、体质量的生长速度和生长加速度方程：

叉长生长速度：$dl_t/dt = 98.25e^{-0.23(t+2.5)}$ (7-15)

叉长生长加速度：$d^2l_t/dt^2 = -22.60e^{-0.23(t+2.5)}$ (7-16)

体质量生长速度：$dw_t/dt = 947.51e^{-0.23(t+2.5)}[1-e^{-0.23(t+2.5)}]^{3.47}$ (7-17)

体质量生长加速度：$d^2w_t/dt^2 = 217.93e^{-0.23(t+2.5)}[1-e^{-0.23(t+2.5)}]^{1.47}[3.47e^{-0.23(t+2.5)}-1]$

(7-18)

利用上述方程分别作出叉长与体质量的生长速度和加速度曲线（图7-7）。当体质量生长速度的变化值为0时的年龄为拐点年龄，即$d^2Wt/dt^2=0$时，求得$t_{拐}=2.91$龄；变化值为0时的体质量为拐点体质量，拐点体质量365.03 g；根据拐点年龄求得日本鲭拐点叉长为304.09 mm。

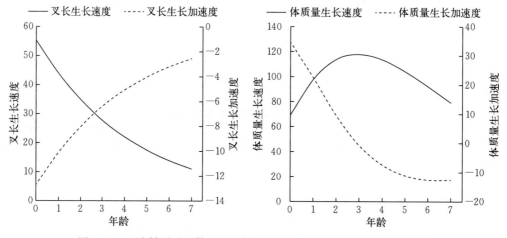

图7-7 日本鲭繁殖群体叉长与体质量的生长速度和生长加速度曲线

第三节 日本鲭生长方程选择和参数比较

一、日本鲭年龄鉴定材料与方法

鱼类年龄鉴定一般利用鱼体内的硬组织，例如耳石、鳞片、脊椎骨等。最早研究日本鲭年龄的是1937年相川广秋依据脊椎骨鉴定（邓景耀等，1991）；1954年，维京斯基在研究日本鲐鱼时则采用鳞片作为鉴定年龄的材料（西海区水产研究所，2001）；鳞片在早期被认为是日本鲭年龄鉴定可靠的硬组织，但研究人员认为鳞片经常出现假轮标记，且鱼体对鳞片有重吸收现象，鉴定结果会低估高龄鱼类年龄（Tetsuro et al.，1991；张学健等，2009）。耳石形成于每年碳酸钙沉积，且耳石增长与生物内在的生理循环以及外在的环境变化有关，长期研究结果证实，耳石是硬骨鱼类年龄鉴定和增量分析最稳定的材料。Baird在1977年验证了耳石会每年形成透明带和不透明带的变化规律（张学健等，2009）。陈卫忠等（1996）通过观察鲐鱼幼鱼矢耳石轮纹数，进一步提出了细微年轮鉴定日龄的可行性，此后，耳石被广泛应用于西北太平洋以及我国东海、黄海日本鲭年龄或日龄鉴定和生长模式判别（李纲等，2011；Li et al.，2008；Go et al.，2020）。

　　耳石表面特征可能受到鱼类生理变化影响，例如加速生长、繁殖活动等周期性节律，相应地，生长期和停滞期在耳石上会形成明带和暗带，明带和暗带交替的环带即为年轮。耳石年龄解读的难点是具有模糊半透明特征的假轮容易造成轮纹干扰，假轮常见于生长第一年，因此，第一生长轮和假轮可能产生混淆（Vasconcelos et al.，2011）。本章研究通过环状结构是否围绕耳石，并比较高龄鱼类耳石形成期的轮纹清晰度来确定假轮和第一生长轮，提高了年龄判读的准确性，此外，本章研究群体选择在繁殖期采集样本，较小叉长个体基本为去年同世代出生个体，若以假轮半径逆算叉长，则明显小于 1 龄个体，因此采用繁殖群体年龄鉴定可以更容易识别假轮的位置。本章研究由于不是全年取样，因此无法分析明暗带形成原因。已有研究（李纲等，2011）表明，日本鲭耳石上的透明带的形成一般在繁殖期间，本章研究根据 3—4 月所采集的日本鲭耳石观察发现，耳石边缘透明带较为明显，符合上述研究结果。

二、关于生长方程的选择

　　东海群系日本鲭一般繁殖时间为每年的 3—4 月，李纲等（2011）根据此特点在拟合日本鲭生长方程前设定日本鲭生日为 4 月 1 日，进行年龄修正，以此缩小拟合生长方程时的误差，这种方法虽然也有不确定性，但是相比不修正年龄的结果有较大优势。本章研究根据四种逆算模型对日本鲭叉长进行逆算，然后对拟合的生长方程对比选择以达到对日本鲭年龄与叉长的合理估算。校正年龄和校正叉长都是为了缩小拟合的生长方程所产生的误差，校正年龄需要假定日本鲭的出生日期，根据实测叉长进行逆算则是为了确定日本鲭鱼体在不同年龄时的实际叉长，该方法只需要根据耳石半径的长度计算鱼体的叉长。相比之下，根据叉长进行逆算能进一步减少拟合生长方程的不确定因素。根据耳石日或年生长量进行逆算的前提是要求耳石中增量的沉积速率不变，然而在少数情况下会出现耳石与鱼体生长并不一致的现象，对于该异常情况，需要在拟合耳石半径与叉长关系时避免。本研究显示，除了最外轮轮径会随着年龄的增加而增加，耳石内其他年轮径长度均会随着年龄增加而相对减少，这说明日本鲭耳石年轮是先在耳石边缘形成，逐渐向耳石内部生长。本章研究中 6 龄日本鲭耳石上的第 6 年轮径平均长度小于 7 龄日本鲭第 6 年轮平均长度，可能是由于 6 龄和 7 龄日本鲭数量较少，无法形成明显的规律。

　　生长方程是表达鱼类生长特点的函数关系式，反映的是采样时间段内鱼类生长状况（金洪宇，2020）。鱼类的生长特征有可能随着摄食状况、水温环境等外界因素而改变，不同的生长方程模拟鱼类生长过程所产生的结果也有所不同。殷名称（2000）认为对于匀速生长型鱼类，使用 VGBF 方程拟合效果最佳；Gompertz 方程适合生命周期短的 r 选择型鱼类（Hilborn et al.，1992），Logistic 方程受到鱼类栖息地的环境容纳量、摄食状态等外界因素影响较大（金洪宇，2020）。由于郑元甲等（2014）认为日本鲭趋向 r 选择型鱼类，r 选择型鱼类生长速度快，生命周期短，且本章研究的 b 值经 t 检验发现与数值 3 存在显著差异，因此对日本鲭进行拟合生长方程前需要考虑方程的比较与选择。

Lorenzo 等研究表明加那利群岛附近的日本鲭在生长过程中有两个显著生长不连续点，因此根据这两个点将日本鲭生长过程划分成三个阶段分别研究。日本鲭生长特征在第一次性成熟周期前后有明显差异，初次性成熟前的体长生长超过体宽，第一次性成熟后体高和体宽的生长超过体长的生长（李纲等，2011）。对于日本鲭生活史中的这两个明显生长特征，笔者认为应以初次性成熟为界限，分别研究其生长特征，才能更准确获取日本鲭生长信息。由于本章研究选取日本鲭的样本均已达到性成熟，因此所拟合的 VGBF 方程仅能描述第一次性成熟后的日本鲭生长特征。

本章研究中，依据 Dahl‐Lea 模型逆算的叉长与年龄数据拟合的生长方程，经 AIC 和 BIC 值双向对比后发现，VGBF 方程有 3 个参数，但是 AIC 和 BIC 值均最低，拟合效果最好，Gompertz 方程次之，Logistic 方程效果最差。该结果反向证明了日本鲭繁殖群体属于匀速生长型。李宗栋（2017）认为 b 值大于 3 表示鱼类体质量生长优于体长生长，小于 3 表示体长生长优于体质量生长。詹炳义（1995）认为鱼类在生长过程中受环境因素影响较大，因此参数 b 值在 2.5～3.5 均属于匀速生长型鱼类。本章研究中 b 值为 3.47，偏高的原因在于样本选取的是繁殖期日本鲭，繁殖期日本鲭性腺在发育过程中，性腺重量的增加导致了鱼体体质量变大，因此造成了 b 值的偏大。

三、生长参数的比较

本章研究使用 VGBF 生长方程拟合出的东海中部日本鲭繁殖群体的生长参数与其他海域日本鲭均有所差异（表 7‐22）。Von B（1938）认为 VGBF 方程中的生长参数 k 和渐进叉长 L_∞ 是衡量鱼体生长情况的指标，而 t_0 代表的是 0 龄时鱼体理论长度，该数值为接近于 0 的负数，无实际意义。对比后（表 7‐22）发现，本章研究中日本鲭群体的 k 值和 t_0 值均是最低的，L_∞ 值高于智利、对马海域和黄海、渤海等采样点的群体，低于东海北部-黄海南部和福建近海等采样点的群体。其原因可能是由于本章研究中的日本鲭群体和智利、对马海域和黄海、渤海等采样点的群体有所差异，同时与东海北部—黄海南部和福建近海等采样点的群体比较表明了东海区域日本鲭群体有个体小型化的现象。此外，根据本章研究结果得出东海中部日本鲭繁殖群体的拐点年龄为 1.44 龄，拐点体质量 251.32 g，拐点叉长为 254.58 mm，对比东海北部的群体拐点年龄 2.73 龄，拐点体质量 448.60 g，拐点叉长 323.16 mm（刘勇等，2005）后发现，东海中部日本鲭拐点年龄大于东海北部-黄海南部日本鲭，拐点叉长、体质量则小于东海北部-黄海南部群体。

表 7‐22　不同时间、不同海域的日本鲭生长参数对比

采样时间	采样点	参数			文献来源
		L_∞	k	t_0	
1978 年	黄海、渤海	425	0.53	−0.80	西海区水产研究所，2001
1983—1984 年	福建近海	457	0.302	−1.10	颜尤明，1997

（续）

采样时间	采样点	参数			文献来源
		L_∞	k	t_0	
2000—2001 年	对马流海域	406	0.37	−1.68	TETSURO et al.，2008
2002—2003 年	东海北部—黄海南部	451.35	0.32	−1.20	刘勇等，2005
2005—2008 年	智利	400	0.23	−1.34	CERNA et al.，2014
2021 年	东海中部	427.18	0.23	−2.50	本文

费鸿年等（1990）认为，拟合后的 VGBF 方程中 k 值满足 e^{-k} 小于 1 则表明该方程拟合的结果有意义，本章研究 k 值符合该理论要求（$e^{-0.23}=0.794\ 5<1$）。通过生长方程中 k 值可判断鱼类的生长类型，因为 k 值代表了生长曲线接近渐进值的速率（由上龍嗣等，2015）。Steven B（1987）认为生长参数 k 值在 0.20～0.50 范围内的鱼类为快速生长型，在 0.10～0.20 范围内为匀速生长型，在 0.05～0.10 范围内为生长缓慢型，因此日本鲭属于快速生长型鱼类（$k=0.23>0.20$）。

拐点年龄、叉长和体质量 3 个数值代表生长速度由快转慢的一个转折点，是制定开捕规格的重要参考指标。由于本章研究仅采集到繁殖期间 1 龄及以上的日本鲭样本拟合生长方程，因此对于拐点年龄、体质量和叉长等数据仅能代表日本鲭成鱼的生长特征，对于开捕标准的制定只能作为参考。

参 考 文 献

陈卫忠，李长松，1996. 鲐鱼幼鱼耳石日轮的初步观察与研究 [J]. 水产学报，20（2）：139-143.

程家骅，林龙山，2004. 东海区鲐鱼生物学特征及其渔业现状的分析研究 [J]. 海洋渔业，26（2）：73-78.

邓景耀，赵传绸，1991. 海洋渔业生物学 [M]. 北京：中国农业出版社：413-452.

费鸿年，张诗全，1990. 水产资源学 [M]. 北京：中国科学技术出版社.

金洪宇，2020. 雅鲁藏布江下游黄斑褶䱛年龄、生长、繁殖力及食性研究 [D]. 上海：上海海洋大学.

李纲，陈新军，官文江，2011. 东黄海鲐鱼资源评估与管理决策研究 [M]. 北京：科学出版社：15-26.

李建生，严利平，胡芬，等，2015. 东海日本鲭繁殖群体生物学特征的年代际变化 [J]. 中国水产科学，22（6）：1253-1259.

李建生，严利平，胡芬，等，2020. 基于鱼卵仔鱼数据的东海中南部日本鲭产卵场分析 [J]. 海洋渔业，42（1）：10-19.

李宗栋，2017. 滇池红鳍原鲌年龄、生长、繁殖及食性研究 [D]. 武汉：华中农业大学.

刘楚珠，严利平，李建生，等，2011. 基于框架法的东黄海日本鲭产卵群体形态差异分析 [J]. 中国水产科学，18（4）：908-917.

刘勇，严利平，胡芬，等，2005. 东海北部和黄海南部鲐鱼年龄和生长的研究 [J]. 海洋渔业，27（2）：133-138.

武胜男，陈新军，2020. 日本鲭资源评估与管理研究现状 [J]. 海洋湖沼通报，12（1）：161-168.

西海区水产研究所，2001. 东海·黄海主要水产资源的生物、生态特性——中日间见解的比较［M］. 日本长崎：日本纸工印刷：438-448.

颜尤明，1997. 福建近海鲐鱼的生物学［J］. 海洋渔业，19（2）：69-73.

殷名称，2000. 鱼类生态学［M］. 北京：中国农业出版社：16-23.

詹秉义，1995. 渔业资源评估［M］. 北京：中国农业出版社.

张学健，程家骅，2009. 鱼类年龄鉴定研究概况［J］. 海洋渔业，31（1）：92-99.

郑元甲，陈雪忠，程家骅，等，2003. 东海大陆架生物资源与环境［M］. 上海：上海科学技术出版社.

郑元甲，李建生，张其永，等，2014. 中国重要海洋中上层经济鱼类生物学研究进展［J］. 水产学报，38（1）：149-160.

由上龍嗣，渡邊千夏子，上村泰洋，等，2015. 平成27（2015）年度マサバ太平洋系群の資源評価［R］. 日本：中央水産研究所.

CERNA F，PLAZA G，2014. Life history parameters of chub mackerel (*Scomber japonicus*) from two areas off Chile［J］. Bulletin of marine science，90（3）：833-848.

GO S，LEE K，JUNG S，2020. A temperature-dependent growth equation for larval chub mackerel (*Scomber japonicus*)［J］. Ocean science journal，55（1）：157-164.

HILBORN R，WALTERS C J，1992. Quantitative fisheries stock assessment：choice，dynamics and uncertainty［J］. Reviews in fish biology and fisherie，2（2）：177-178.

HWANG S D，KIM J Y，LEE T W，2008. Age and growth and maturity of chub mackerel of Korea［J］. North American journal of fisheries management，28（5）：1414-1425.

LI G，CHEN X J，FENG B，2008. Age and growth of chub mackerel (*Scomber japonicus*) in the East China and Yellow Seas using sectioned otolith samples［J］. Journal of ocean university of china，7（4）：439-446.

MASANORI T，MICHIO Y，HAJIME K，et al.，2014. Growth of juvenile chub mackerel *Scomber japonicus* in the western North Pacific Ocean：with application and validation of otolith daily increment formation［J］. Fisheries science，80（2）：293-300.

STEVEN B，1987. Age and growth estimates for blacktip，*Carcharhinus limbatus* and spinner *C. brevipinna*，sharks from the Northwestern Gulf of Mexico［J］. Copeia，3（4）：964-974.

TETSURO S，KUMIKO O，MICHIO Y，et al.，2008. Age validation，growth and annual reproductive cycle of chub mackerel *Scomber japonicus* off the waters of northern Kyushu and in the East China Sea［J］. Fisheries science，74（5）：947-954.

VASCONCELOS J，DIAS M A，FARIA G，2011. *Scomber colias* Gmelin，1789 off Madeira Island［J］. Arquipelago-life and marine sciences，（28）：57-70.

VON B L，1938. A quantitative theory of organic growth (inquiries on growth laws. II)［J］. Human biology，10（2）：181-213.

YOSHIAKI H，MARI Y，SEIJI O，2002. Stock size fluctuations in chub mackerel (*Scomber japonicas*) in the East China Sea and the Japan/East Sea［J］. Fisheries oceanography，11（6）：347-353.

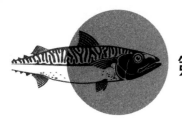

第八章 东海区日本鲭年龄与卵径及繁殖力关系的研究

为合理利用日本鲭资源并深入了解其资源补充规律,利用2021年3—4月在东海中部采集的日本鲭($Scomber\ japonicas$)繁殖群体样本,研究了其年龄与卵径和繁殖力的关系。结果表明:雌性日本鲭繁殖群体由$1^+\sim5^+$构成,1^+和2^+龄占优势(68.54%)。根据Logistic方程拟合得到其50%性成熟叉长为256.98 mm。独立t检验结果表明,不同的性腺发育程度与卵径存在极显著性正相关关系($P<0.001$);高龄组($3^+\sim5^+$龄)与低龄组($1^+\sim2^+$龄)的卵径存在极显著差异($P<0.001$)。日本鲭平均绝对繁殖力为(358 202.06±185 914.39)粒/ind;平均叉长相对繁殖力为(1 101.70±492.21)粒/mm;平均体质量相对繁殖力为(881.13±311.46)粒/g。绝对繁殖力和叉长相对繁殖力均随着年龄的增加而逐渐升高,且均与年龄存在极显著正相关关系($P<0.001$);体质量相对繁殖力与年龄存在显著正相关关系($P=0.017<0.05$)。回归分析表明,3种繁殖力指标均与年龄符合幂函数关系。绝对繁殖力贡献率随着年龄的增加而下降,绝对繁殖力年增长量及增长率随着年龄的增加先持续降低其后至5^+龄又略有回升。虽然高龄日本鲭所产出的卵子质量更高,繁殖力更强,但高龄个体数量较少,因此绝对繁殖力群体贡献率小于低龄鱼。在制定日本鲭资源管理和保护措施时,对于高龄日本鲭的保护问题尤其值得重视。

日本鲭($Scomber\ japonicas$)广泛分布于太平洋、大西洋及其邻近海域,是我国东海、黄海重要的小型中上层经济鱼类(李纲等,2011)。东海日本鲭分为东海群系和闽南-粤东群系(刘尊雷等,2018),其中以东海群的资源量相对较大,洄游距离较长,是东海、黄海中上层鱼类的重点开发和保护对象(李建生等,2015a)。

日本鲭在中上层生态系统承担多种生态功能,兼具捕食者、被捕食者、营养级联等多个角色。已有研究表明(李建生等,2015a),东海日本鲭相较于20世纪已发生性成熟长度降低、年龄结构简单化以及卵径缩小等繁殖生物学特征方面的变化。诸如此类的生活史性状均会对鱼类个体的生长率产生影响进而干扰群体对外界的适应力。日本鲭等小型中上层鱼类对捕捞和气候变化的表型响应更为敏感,因此受到学者的广泛关注(Andre et al.,2006;Engelhard et al.,2004)。虽然目前东海区日本鲭年产量仍然能保持高位水平(李建生等,2015b),但由于仍面临高强度的捕捞压力,如果不能够根据其生物学特征的变化出台相应的渔业管理措施,则日本鲭种群资源量存在下降的风险,最终必将会给海洋生态系统带来多方面连锁效应，因此对其繁殖生物学特征开展研究是非常必要的。繁殖是维持种群延续的关键生活史过程，对日本鲭繁殖生物学特征研究不仅可以为种群生态学提供基础信息，而且也为其生物资源量和可捕量评估提供基础参数。国外学者对日本鲭繁殖生物学特征的研究主要是围绕性腺发育周年变化特征、批次绝对繁殖力、产卵频率等方面进行展开（Yamada et al.，1998；Chikako et al.，2006）；而国内学者主要集中探讨外部因素如环境因子等（武胜男等，2020）和内部因素如体征等（李建生等，2014a）对其繁殖行为的影响，但对性成熟长度、繁殖潜力的年龄效应研究仍有待深入分析。

繁殖力与卵径的评估对于了解鱼类的生活史、进化和对环境的适应是必不可少的（Fernandez et al.，2016）。目前已有研究表明，年龄对日本鲭个体繁殖力有显著影响（刘松，1988），而对于卵径的影响尚未可知。因此，本研究基于 2021 年 3—4 月东海中部海域所采集的日本鲭繁殖群体样本，估算了其 50% 性成熟长度并分析了年龄对繁殖力和卵径的影响，为揭示平均年龄下降对种群补充和资源丰度变动的影响提供理论参考依据。

第一节 材料与方法

一、样本采集

2021 年 3—4 月，对双拖网渔船与围网渔船在东海中部的鱼山、温台、温外 3 个渔场捕捞的渔获物分别进行随机采样，共采集日本鲭繁殖群体样本 236 尾，其中雌性 146 尾，雄性 90 尾。不同采样点日本鲭样本的基本信息见表 8-1。由于本章主要研究日本鲭的卵径和繁殖力，因此基于 146 尾雌性日本鲭的生物学测定数据进行分析。

表 8-1 不同采样点日本鲭的基本数据

采样点	采样时间	平均叉长/mm	平均体质量/g	性比	样本量
鱼山渔场	2021 年 3 月 12 日	317.02±21.89	481.60±118.53	1：0.88	60
温台渔场	2021 年 3 月 20 日	341.60±27.64	576.36±137.68	1：0.73	76
温外渔场	2021 年 4 月 16 日	288.53±23.95	354.69±94.35	1：0.43	100
总计		312.39±33.64	455.52±149.61	1：0.62	236

二、样本处理

在实验室内进行叉长、体质量、纯体质量和性腺质量等生物学特征测量，叉长精确到 1 mm，体质量、纯体质量以及性腺质量精确到 0.01 g。依据《海洋调查规范》（2007）鉴定性别并记录性腺发育时期后，使用 10% 福尔马林对雌性样本的卵巢进行固定，卵巢将用于后续繁殖力计算（Castro et al.，1993）和卵径测量，共计 89 尾。采用左矢耳石作为年龄鉴别的材料，将矢耳石置于 95% 浓度的二甲苯溶液中浸泡 10～60 s 后观察明暗带（Tetsuro et al.，2008）。

三、数据分析

利用性腺指数（GSI）公式计算不同年龄组的 GSI，计算公式为：

$$GSI = \frac{W_O}{W_N} \times 100 \tag{8-1}$$

式（8-1）中，W_O 为日本鲭性腺质量（g）；W_N 为纯体质量（g）。

以 10 mm 为间距，利用不同叉长组的性成熟个体百分比拟合 Logistic 曲线，推算雌性日本鲭的 50％性成熟叉长（$FL_{50\%} = -a/b$）（杨林林等，2009），公式为：

$$P_i = \frac{1}{1 + e^{-(a + bL_i)}} \tag{8-2}$$

式（8-2）中，P_i 为性成熟个体占组内样本的百分比；L_i 为叉长组（mm）；a 和 b 为参数。

r 指在繁殖期内，一个日本鲭雌性个体成熟卵巢（Ⅲ期—Ⅴ期）中卵细胞的数量，即绝对繁殖力；F_L 是指雌性日本鲭的绝对繁殖力 r 与叉长 FL 的比值，用公式表示如下：

$$F_L = \frac{r}{F_L} \tag{8-3}$$

F_W 是指雌性日本鲭的绝对繁殖力 r 与纯体质量 W_N 的比值，即单位质量所含有的可能排出的卵子的数量，用公式表示如下：

$$F_W = \frac{r}{W_N} \tag{8-4}$$

为分析不同年龄日本鲭繁殖力贡献情况，用 R_i 表示第 i 年龄组的绝对繁殖力贡献率；$\bar{r}_i$ 为第 i 年龄组平均绝对繁殖力；N_i 为第 i 年龄组样本量，公式如下（金洪宇等，2020）：

$$R_i = \bar{r}_i \times N_i / \sum_{i=1}^{n} r_i N_t \times 100\% \tag{8-5}$$

数据使用 Excel 2016 进行统计汇总并制作图表。使用 SPSS 16.0 进行数据分析，设置 95％为差异显著性水平。

第二节　结果与分析

一、繁殖群体组成

不同年龄组雌性日本鲭繁殖群体基础生物学特征的变化如表 8-2 所示。由表 8-2 可见：雌性日本鲭由 1^+ ～ 5^+ 构成，1^+ 和 2^+ 龄日本鲭数量最多，合计占 68.54％，5^+ 龄数量最少，仅占 0.03％。叉长与体质量均随着年龄的增加而增大。性腺质量随年龄的增加先增大后减小，1^+ 龄日本鲭性腺质量最小，平均性腺质量为（16.43±5.81）g，其后持续增大，至 4^+ 龄达到最大值，5^+ 龄又略有下降；GSI 从 1^+ 龄到 3^+ 龄逐渐增大，至 3^+ 龄达到最大值，其后的 4^+ 龄有所减小，5^+ 龄又略有回升。

表 8 - 2　雌性日本鲭繁殖群体基础生物学特征

参数		年龄				
		1^+	2^+	3^+	4^+	5^+
样本数		22	39	16	9	3
叉长/mm	范围	256～290	290～329	332～350	353～370	371～384
	均值±标准差	275.39±10.63	306.38±10.94	339.74±5.41	360.21±4.95	375.20±4.87
体质量/g	范围	219.8～379.4	339.8～586.3	427.2～690.7	608.2～809.1	653.9～810.8
	均值±标准差	308.68±36.38	412.82±54.11	569.32±63.22	679.44±54.87	731.78±63.32
性腺质量/g	范围	9.4～36.24	15.6～100.85	19.08～72.22	20.38～92.81	32.59～52.71
	均值±标准差	16.43±5.81	33.41±18.81	48.09±16.61	50.12±23.37	44.59±8.66
GSI	范围	3.22～13.43	4.84～29.00	4.10～15.84	3.56～14.73	5.80～17.13
	均值±标准差	5.89±2.28	9.32±4.95	10.01±3.41	9.39±4.00	9.51±4.46

二、雌性日本鲭 50%性成熟叉长

按叉长 10 mm 为分组，对各分组性成熟比例进行 Logistic 回归，获得方程如下（图 8 - 1）：

$$P_i = 1/(1 + e^{-(-32.03 + 0.124\,6L_i)}),\ (R^2 = 0.924\,7,\ n = 146) \qquad (8 - 6)$$

根据 Logistic 方程所拟合得出，雌性日本鲭 50%性成熟叉长为 256.98 mm。

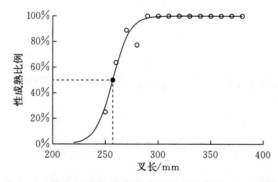

图 8 - 1　雌性日本鲭性成熟个体叉长比例 Logistic 回归

三、卵径与年龄的关系

对Ⅲ期及其以上的雌性日本鲭进行卵径测量，每一尾随机测量 300～400 粒卵，共统计 22 000 粒卵径数据，卵径范围为 0.101～1.04 mm。依照性腺不同发育程度来看，性腺发育在Ⅲ期时的日本鲭卵径组成仅有 1 个组，Ⅳ～Ⅴ期时，卵径组成均存在大小 2 组。

　　不同性腺发育时期日本鲭的卵径分布如图 8-2 所示。由图可见：性腺发育程度在Ⅲ期时，日本鲭卵径范围为 0.13～0.79 mm，平均值为 （0.41±0.13）mm；性腺发育程度在Ⅳ期时，日本鲭卵径范围为 0.10～0.97 mm，小卵径组平均值为 （0.37±0.17）mm（38.42%），大卵径组平均值为 （0.66±0.17）mm（61.58%）；性腺发育程度在Ⅴ期时，日本鲭卵径范围为 0.12～1.04 mm，小卵径组平均值为 （0.56±0.12）mm（62.15%），大卵径组平均值为 （0.73±0.03）mm（37.35%）。

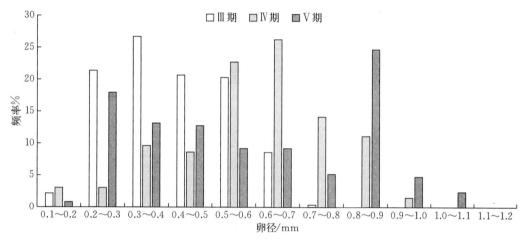

图 8-2　日本鲭不同性腺发育时期的卵径分布

　　因为较小的卵径未发育成熟，因此在分析不同性腺发育程度对卵径的影响时，使用发育成熟、卵径较大的卵子作对比。独立 t 检验结果表明，不同的性腺发育程度与卵径大小存在极显著性正相关关系（$P<0.001$）。

　　由于卵径随着性腺发育而增加，因此在研究年龄对卵径分布的影响时需统一性腺发育程度。本研究选择性腺成熟度Ⅳ期作为统一标准，在此标准下，雌性日本鲭 1^+～5^+ 龄均有卵巢取样。日本鲭卵径与年龄的关系如图 8-3 所示。由图可见：同为性腺发育程度同为Ⅳ期的前提下，1^+ 龄～5^+ 龄组日本鲭卵径组成存在大小 2 组。1^+ 龄日本鲭卵径范围为 0.11～0.82 mm，小卵径组平均值为 （0.30±0.15）mm（65.80%），大卵径组平均值 （0.57±0.15）mm（34.20%）；2^+ 龄日本鲭卵径范围为 0.10～0.81 mm，小卵径组平均值 （0.28±0.16）mm（48.07%），大卵径组平均值 （0.57±0.16）mm（51.93%）；3^+ 龄日本鲭卵径范围为 0.19～0.84 mm，小卵径组平均值为 （0.35±0.10）mm（37.50%），大卵径组平均值为 （0.65±0.14）mm（62.50%）；4^+ 龄日本鲭卵径范围为 0.13～0.93 mm，小卵径组平均值为 （0.33±0.15）mm（15.91%），大卵径组 （0.65±0.15）mm（84.09%）；5^+ 龄日本鲭卵径范围为 0.15～0.97 mm，小卵径组平均值为 （0.33±0.16）mm（12.09%），大卵径组 （0.67±0.16）mm（87.91%）。

　　为研究年龄对卵径的影响，对发育成熟的卵子卵径进行独立 t 检验，结果显示，高龄组（3^+～5^+ 龄）日本鲭卵径与低龄组（1^+～2^+ 龄）日本鲭卵径间存在极显著差异（$P<0.001$）。

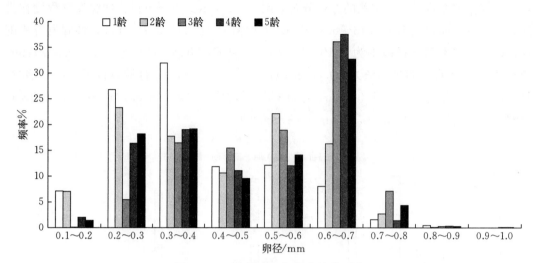

图 8-3　日本鲭卵径与年龄的关系图

四、繁殖力与年龄的关系

对 89 尾性腺发育程度Ⅳ期及Ⅳ期以上的雌性日本鲭（1^+～5^+龄）的绝对繁殖力与相对繁殖力及贡献率进行统计，结果见表 8-3。由表 8-3 可见：日本鲭绝对繁殖力范围为 60 751～1 084 792 粒，平均为（358 202.06±185 914.39）粒；叉长相对繁殖力范围为 400.01～2 916.59 粒/mm，平均为（1 101.70±492.21）粒/mm；体质量相对繁殖力范围为 448.54～1 963.45 粒/g，平均为（881.13±311.46）粒/g。

1^+龄日本鲭叉长相对繁殖力和体质量相对繁殖力均最低，5^+龄日本鲭叉长相对繁殖力和体质量相对繁殖力均最高。绝对繁殖力和叉长相对繁殖力均是随着年龄的增加而逐渐升高。体质量相对繁殖力在 1^+～2^+龄时升高，达到 3^+龄时出现降低趋势，而后至 5^+龄逐渐升高。单因素方差分析结果显示，绝对繁殖力及叉长相对繁殖力均与年龄存在极显著正相关关系（$P<0.001$）；体质量相对繁殖力与年龄存在显著正相关关系（$P=0.017<0.05$）。

绝对繁殖力与年龄符合幂函数关系，其关系式为：

$$r=173\ 951×a^{0.794}\ (R^2=0.59) \tag{8-7}$$

叉长绝对繁殖力与年龄符合幂函数关系，其关系式为：

$$F_L=640.02×a^{0.599\ 5}\ (R^2=0.47) \tag{8-8}$$

体质量绝对繁殖力与年龄符合幂函数关系，其关系式为：

$$F_W=694.49×a^{0.241\ 6}\ (R^2=0.12) \tag{8-9}$$

由繁殖力贡献率（表 8-3）来看，1^+龄雌性日本鲭绝对繁殖力贡献率最高（36.23%），5^+龄绝对繁殖力贡献率最低（6.46%）。虽然高龄（3^+～5^+龄）日本鲭个体平均绝对繁殖力高于低龄（1^+～2^+龄）日本鲭，但是由于其数量较少，导致其贡献率较低。

根据不同年龄组的日本鲭平均绝对繁殖力来分析其绝对繁殖力的年增长量和增长率变化（表 8-4），结果显示：以第 2 次性成熟加入繁殖群体的 2^+ 龄日本鲭的绝对繁殖力年增长率最高（91.12%）。从 2^+ 龄开始，绝对繁殖力年增长率开始下降，4^+ 龄日本鲭绝对繁殖力年增长率最低（18.41%），到 5^+ 龄时略有上升。

表 8-3　不同年龄组雌性日本鲭繁殖力比较

参数		年龄				
		1^+	2^+	3^+	4^+	5^+
个体绝对繁殖力/粒	范围	60 751~217 099	90 015~555 882	182 253~523 260	293 049~913 905	398 412~1 084 792
	均值±标准差	171 668.98±43 961.13	328 098.11±101 281.31	443 167.17±128 517.60	524 753.90±216 469.11	653 136.60±261 160.03
叉长相对繁殖力/(粒/mm)	范围	400.01~844.74	593.81~2 136.54	796.43~2 252.76	802.87~2 490.21	1 073.89~2 916.59
	均值±标准差	621.59±121.59	1 064.33±365.02	1 303.17±373.57	1 457.15±586.75	1 743.48±703.45
体质量相对繁殖力/(粒/g)	范围	448.54~1 012.59	543.75~1 963.45	569.37~1 542.62	511.70~1 763.53	709.55~1 676.15
	均值±标准差	645.58±142.80	940.19±309.49	923.84±248.03	933.84±389.25	1 017.08±385.96
贡献率/%		36.23	31.38	19.01	6.92	6.46

表 8-4　个体绝对繁殖力增长量与增长率

年龄	绝对繁殖力/粒			样本量
	均值	年增长量	年增长率/%	
1^+	171 668	—	—	22
2^+	328 098	156 430	91.12	39
3^+	443 167	115 069	35.07	16
4^+	524 753	81 586	18.41	9
5^+	653 136	128 383	24.47	3

第三节　日本鲭年龄与卵径和繁殖力的关系分析

一、日本鲭繁殖群体年龄结构、初次性成熟叉长和性腺指数分析

东海中部日本鲭属于东海群系（李建生等，2014a），繁殖季在每年的 3—5 月（李建生等，2020）。已有研究表明（李建生等，2014a；郑元甲等，2014；农牧渔业部水产局等，1987），随着时间的推移，东海群系日本鲭繁殖群体年龄结构趋于简单化，同等年龄

条件下，具体表现为个体叉长缩小以及初次性成熟年龄的降低。越来越多证据表明，许多海洋鱼类经过长期的捕捞和气候变暖胁迫，已经产生形态、生理等表型性状进化，具体表现为个体小型化、性成熟年龄提前、繁殖潜力下降等，使种群原有的稳定性和恢复力受到威胁（Andre et al.，2006；Engelhard et al.，2004；Olsen et al.，2004；Claire et al.，2019）。Engelhard 等研究了 1930—2000 年大西洋鲱鱼（*Clupea harengus*）资源恢复期与崩溃期性成熟性状的变化，提出了性成熟年龄和体型异质性变化趋势，并把这种现象归因于进化响应假说和补偿响应假说（Andre et al.，2006）。而国际上称此类变化为捕捞诱导进化，在捕捞压力影响下，为了种群的延续，鱼类会产生性成熟提前的适应性变化，性成熟时的年龄和长度是促进其适应环境变化的重要生活史特征。

本章研究根据 2021 年在东海中部采集的日本鲭繁殖群体样本，发现其繁殖群体年龄结构和优势年龄组相较于 20 世纪均有所下降（李建生等，2015a）；而相较于 21 世纪初的日本鲭繁殖群体（李建生等，2015a），虽然有少量高龄个体（5$^+$龄）出现，但优势年龄组未产生变化。高龄个体的出现说明低龄化现象可能有所好转，但由于高龄个体数量较少且优势年龄组未产生变化，因此群体结构并未产生实质性的改变。20 世纪 80 年代的东海群系日本鲭繁殖群体中未发现 1 龄个体存在；至 21 世纪初的东海群系日本鲭 1$^+$龄个体性成熟比例已达 50%（李纲等，2011）；本章研究发现东海群系日本鲭繁殖群体中 1$^+$龄个体性成熟比例达到 64.58%，该现象也说明了东海群系日本鲭存在性成熟提前的问题。邓景耀等（1991）认为日本鲭性成熟的开始时间并不决定于年龄，而是其叉长需达到一定长度后才会开始性成熟。20 世纪 60 年代所观察到的发现日本鲭最小性成熟叉长为 292 mm；20 世纪 70—80 年代所观察到的最小性成熟叉长为 280 mm；21 世纪初所观察到的日本鲭最小性成熟叉长为 248 mm（李建生等，2015a），本章研究观察到其最小性成熟叉长为 256 mm。Logistic 方程拟合群体 50%性成熟叉长是由鱼类群体样本体长范围决定的，所拟合出的数值为 256.96 mm，虽没有以往数据作对比，但是根据以往所观察到的最小性成熟叉长也远大于 256.96 mm，因此可以判断较以往的东海群系日本鲭性成熟叉长有所减小。相较于 20 世纪所发现日本鲭最小性成熟叉长均有明显缩小趋势，这是由于日本鲭长期面临的高强度捕捞，为维持种群资源量所致。Chikako 等（2006）认为日本鲭性成熟叉长的缩小除了与种群资源数量的下降有着密切关系，还会受到环境因子等条件的影响，例如日本鲭产卵场海域的海表温度若较为温暖，则会促进日本鲭的性成熟提前（邓景耀等，1991）。而相较于 21 世纪初期，2021 年东海群系日本鲭最小性成熟叉长略有上升，说明了其性成熟提前现象有所改善，得以改善的原因可能在于 21 世纪以来，中国对东海中部海域经济鱼类采取的产卵场保护措施（王雅丽等，2021），因此应加大对海洋鱼类产卵场的保护措施，延长伏季休渔时间。

Akinori 等（2021）认为亲体的脂肪能量、个体大小及年龄高低相较于亲体数量更能反映其种群的潜在繁殖力。本研究表明，*GSI* 随着年龄的增加有上升趋势，高龄（3$^+$～5$^+$龄）雌性日本鲭的 *GSI* 大于低龄（1$^+$～2$^+$龄）雌性日本鲭。根据不同年龄组日本鲭的平均性腺质量统计结果来看（表 8-2），低龄日本鲭的平均性腺质量也低于高龄日本鲭。

性成熟系数 GSI 反映的是鱼类性腺发育程度和鱼体能量在性腺和躯体之间的分配比例。由于性腺质量的增加来源于鱼体营养成分，且高龄个体躯体明显大于低龄个体，而躯体的增长可以为储存更多的卵子提供足够的空间（李建生等，2014a），以至于高龄个体的平均性腺质量高于低龄个体。因此说明高龄雌性日本鲭在繁殖期间，性腺发育所分配到的能量及营养成分高于低龄雌性日本鲭。

二、日本鲭年龄与卵径的关系分析

鱼类性成熟提前可能导致多种后果，如繁殖力变化（Walsh et al.，2006）、卵径变小、孵化率降低、幼体存活率下降等（Conover et al.，2002）。而卵径大小影响着亲体繁殖力与幼鱼的存活率，一般来说，高繁殖力的鱼类，卵径偏小（David et al.，2020），Mollet 等（2000）认为这种繁殖方式是为了弥补幼鱼的低存活率。诸多研究结果表明，性成熟年龄或体长会影响鱼类繁殖成功率及其种群补充能力，世界上商业捕捞鱼群的资源衰退与繁殖期年龄、长度的显著变化均具有同步性（Engelhard et al.，2004）。因此，鱼类繁殖特征研究对渔业资源丰度变化及其开发和管理有重要指示作用。

已有研究（李建生等，2015a）表明，目前日本鲭卵径较 20 世纪已产生变小的趋势。同时，日本鲭个体绝对繁殖力较以往有显著增加。这种繁殖策略是为了维持种群数量的稳定（Melo et al.，2011）。本研究以亲体性腺不同发育程度来分析其对卵径大小是否有影响，其目的在于研究亲体年龄对日本鲭的卵径影响时，是否需要排除性腺发育程度这一影响因素。结果显示，随着性腺的发育，日本鲭卵径逐渐变大，因此为研究年龄对于其卵径的影响时需统一性腺发育程度，结合所采集样本状况，性腺发育成熟度在Ⅳ期时，日本鲭年龄范围最广。在对比同一性腺发育程度下（Ⅳ期）卵径与年龄之间的关系后发现，卵径随着日本鲭年龄的增加而升高。卵径的增大对于孵化出的幼鱼早期生长是有利的，卵径大，说明卵黄形成过程中被分配到更高的能量，使得从较大的卵孵化出的幼鱼比从较小的卵子孵化出的幼鱼处于更高的发育阶段，并且有更长的扩散期（Fernandez et al.，2016）。栗田丰等（2010）研究指出，高龄鱼相较于低龄鱼，其分布时空范围更广，更有利于种群补充量的增长。而种群密度、个体营养条件等因素与鱼类繁殖力呈正相关关系（张孝威，1983），且亲体排出体内的鱼卵密集度并不会对孵化的后代产生影响（Akinori et al.，2021）。因此，高龄日本鲭所孵化出的后代存活率更高、繁殖能力更强，对于群体资源量的补充更有意义。

三、日本鲭年龄与繁殖力的关系分析

鱼类个体繁殖力不仅受遗传和环境因素影响，还与鱼体其他生物学指标密切相关，例如年龄不仅影响个体繁殖力，还与其繁殖开始时间有关（张孝威，1983）。个体繁殖力作为种群繁殖力的重要指标，可以体现不同鱼的繁殖策略（王茂林等，2018），亦可根据繁殖力特征评估同一种群不同年代及不同地理位置之间的差异。李建生等（李建生等，2015a；李建生等，2014a）发现，目前东海群系日本鲭在面临高强度的捕捞压力下，较以往已产生繁殖力升高、卵径缩小等生物学特征变化；东海中部日本鲭的绝对繁殖力在地理上呈现出从南到北逐渐增加的趋势（李建生等，2015a）。本研究结果符合上述观点，东海中部日本鲭群体繁殖力低于黄海群体（李建生等，2014b）高于东海南部群体（李建生等，2014c）。出现此现象的原因可能在于，日本鲭产卵时最适水温为 15～20 ℃（Sassa et al.，2010），且温度是否适宜对其个体繁殖力的高低影响显著，Yoshiaki 等（2002）认为日本鲭产卵成功率与海表温度呈负相关，从黄海到东海南部，随着纬度的减小，海表温度逐渐升高，因此导致了以黄海到东海南部日本鲭繁殖力变化的现象；同时，不同种群之间的繁殖力也存在差异。本研究结果相较于 20 世纪 60—80 年代东海中部日本鲭群体繁殖力有下降的趋势（李建生等，2014a），可能是目前东海日本鲭受到高强度捕捞的影响致使其种群低龄化，而 20 世纪的东海日本鲭繁殖群体中，高龄个体所占比例较高，结合高龄日本鲭繁殖力高于低龄个体的特点，可以解释目前日本鲭绝对繁殖力下降的原因。虽然绝对繁殖力与年龄呈正比关系，但绝对繁殖力贡献率与年龄却呈现出反比关系，即随着年龄的增加，贡献率逐渐降低。低龄（$1^+ \sim 2^+$ 龄）日本鲭繁殖力贡献率最高，占比高达 67.61%。尽管高龄个体绝对繁殖力显著高于低龄个体，但由于其数量上的稀少，导致无法为其种群资源量的维持提供更高的贡献率，由此可以看出日本鲭群体低龄化问题带来的严重性。高龄日本鲭个体卵径与繁殖力较低龄个体具有明显优势，因此对于高龄日本鲭的保护应受到重视，这对于提高其种群资源量作用更加明显。日本鲭个体绝对繁殖力在第 2 次（即 2^+ 龄时）参与繁殖时的年增长率最高（91.12%）。2^+ 龄以上个体绝对繁殖力的增长率逐渐衰退，至 5^+ 龄略有上升。这可能是由于鱼体生命老化等原因所致。然而日本鲭生命周期较短，个体绝对繁殖力在整个生命周期中并无明显阶段性变化（刘松等，1988），因此 5^+ 龄鱼的绝对繁殖力年增长率的回升原因可能由于 5^+ 龄鱼数量较少，难以形成明显的规律。

参 考 文 献

邓景耀，赵传绌，1991. 海洋渔业生物学 [M]. 北京：中国农业出版社：413 - 452.

全国海洋标准化技术委员会，2021. 海洋调查规范第 3 部分：海洋气象观测（GB 12763.3—2020）[S]. 北京：中国标准出版社.

金洪宇，李雷，金星，等，2020. 西藏雅鲁藏布江下游黄斑褶鮡的个体繁殖力研究 [J]. 水产科学，39（5）：744 - 751.

李纲，陈新军，官文江，2011. 东黄海鲐鱼资源评估与管理决策研究 [M]. 北京：科学出版社：15 - 26.

李建生，胡芬，严利平，2014c. 台湾海峡中部日本鲭产卵群体生物学特征的初步研究 [J]. 应用海洋学学报，33（2）：198 - 203.

李建生，胡芬，严利平，等，2014a. 东海中部日本鲭（*Scomber japonicus*）产卵群体繁殖力特征 [J]. 渔业科学进展，35（6）：10 - 15.

李建生，严利平，胡芬，等，2014b. 黄海北部日本鲭繁殖生物学特征的年代际变化 [J]. 中国水产科学，21（3）：567 - 573.

李建生，严利平，胡芬，等，2015a. 东海日本鲭繁殖群体生物学特征的年代际变化 [J]. 中国水产科学，22（6）：1253－1259.

李建生，严利平，胡芬，等，2015b. 温台渔场日本鲭的繁殖生物学特征 [J]. 中国水产科学，22（1）：99－105.

李建生，严利平，胡芬，等，2020. 基于鱼卵仔鱼数据的东海中南部日本鲭产卵场分析 [J]. 海洋渔业，42（1）：10－19.

栗田豊，2010. 産卵親魚個体群の繁殖能力の時空間的変化が加入量に及ぼす影響 [J]. 水産海洋研究（74）：4－18.

刘松，顾晨曦，严正，1988. 鲐鱼个体生殖力研究 [J]. 海洋科学，12（5）：43－48.

刘尊雷，马春艳，严利平，等，2018. 东海中南部日本鲭种群分析 [J]. 海洋渔业，40（5）：531－536.

农牧渔业部水产局农牧渔业部东海渔区指挥部，1987. 东海区渔业资源调查区划 [M]. 上海：华东师范大学出版社：392－400.

单秀娟，胡芷君，邵长伟，等，2020. 捕捞诱导鱼类生物学特征进化研究进展 [J]. 渔业科学进展，41（3）：165－175.

王茂林，陈家捷，史会来，等，2018. 大连海域松江鲈鱼亲鱼性腺发育及繁殖力研究 [J]. 长江大学学报（自然科学版），15（22）：35－38.

王雅丽，胡翠林，李振华，等，2021. 舟山渔场产卵场保护区春季小黄鱼群体结构及资源动态 [J]. 应用生态学报，32（09）：3349－3356.

武胜男，陈新军，2020. 基于 GLM 和 GAM 的日本鲭太平洋群体补充量与产卵场影响因子关系分析 [J]. 水产学报，44（1）：61－70.

杨林林，姜亚洲，严利平，等，2009. 东海区太平洋褶柔鱼生殖群体结构特征的季节差异 [J]. 海洋渔业，31（4）：376－383.

张孝威，1983. 鲐鱼 [M]. 北京：中国农业出版社.

郑元甲，李建生，张其永，等，2014. 中国重要海洋中上层经济鱼类生物学研究进展 [J]. 水产学报，38（1）：149－160.

AKINORI T，MICHIO Y，YOSHIOKI O，2021. Density—dependent egg production in chub mackerel in the Kuroshio Current system [J]. Fisheries oceanography，30（1）：38－50.

ANDRE M R，DAVID S B，LENNART P，2006. Evolutionary regime shifts in age and size at maturation of exploited fish stocks [J]. Proceedings：biological science，273（1596）：1873－1880.

CASTRO J J，1993. Feeding ecology of chub mackerel Scomber japonicus in the Canary Islands area [J]. South African journal of marine science，13（1）：323－328.

CHIKAKO W，KIHIKO Y，2006. Long－term changes in maturity at age of chub mackerel（Scomber japonicus）in relation to population declines in the waters off Northeastern Japan [J]. Fisheries research，78（2）：323－332.

CLAIRE S，ELISABETH V B，PABLO B，et al.，2019. Small pelagic fish dynamics：A review of mechanisms in the Gulf of Lions [J]. Deep sea research part Ⅱ：Topical Studies in Oceanography，16（159）：52－61.

CONOVER D O，Munch S B，2002. Sustaining fisheries yields over evolutionary time scales [J]. Science，297（5578）：94－96.

COSTA E F S, DIAS J F, MURUA H, 2015. Reproductive strategy and fecundity of the keystone species paralonchurus brasiliensis (*Teleostei*, *Sciaenidae*): an image processing techniques application [J]. Environmental biology of fishes, 98 (10): 2093 - 2108.

DAVID M A, JAMES F G, 2020. Predicting egg size across temperatures in marine teleost fishes [J]. Fish and fisheries, 21 (5): 1027 - 1033.

ENGELHARD G H, HEINO M, 2004. Maturity changes in Norwegian spring - spawning herring before, during, and after a major population collapse [J]. Fisheries research, 66 (2 - 3): 299 - 310.

FERNANDEZ A U, DRAZEN J C, MURUA H, et al., 2016. Bathymetric gradients of fecundity and egg size in fishes: A Mediterranean case study [J]. Deep sea research, 116 (1): 106 - 117.

MELO R M C, FERREIRA C M, LUZ R K, et al., 2011. Comparative oocyte morphology and fecundity of five characid species from Sao Francisco River basin, Brazil [J]. Journal of applied ichthyology, 27 (6): 1332 - 1336.

MOLLET H F, CLIFF G, PRATT H L, et al., 2000. Reproductive biology of the female shortfin mako, *Isurus oxyrinchus* Rafinesque, 1810, with comments on the embryonic development of lamnoids [J]. Fishery bulletin - national oceanic and atmospheric administration, 98 (2): 299 - 318.

OLSEN E M, HEINO M, LILLY G R, et al., 2004. Maturation trends indicative of rapid evolution preceded the collapse of northern cod [J]. Nature, 428 (6986): 932 - 935.

SASSA C, TSUKAMOTO Y, 2010. Distribution and growth of *Scomber japonicus* and S. *australasicus* larvae in the Southern East China Sea in response to oceanographic conditions [J]. Marine ecology progress series, (419): 185 - 199.

TETSURO S, KUMIKO O, MICHIO Y, et al., 2008. Age validation, growth and annual reproductive cycle of chub mackerel *Scomber japonicus* off the waters of Northern Kyushu and in the East China Sea [J]. Fisheries science, 74 (5): 947 - 954.

WALSH M R, MUNCH S B, CHIBA S, et al., 2006. Maladaptive changes in multiple traits caused by fishing: Impediments to population recovery [J]. Ecology letters, 9 (2): 142 - 148.

YAMADA T, AOKI I, MITANI I, 1998. Spawning time, spawning frequency and fecundity of Japanese chub mackerel, *Scomber japonicus* in the waters around the Izu Islands, Japan [J]. Fisheries research, 38 (1): 83 - 89.

YOSHIAKI H, MARI Y, SEIJI O, 2002. Stock size fluctuations in chub mackerel (*Scomber japonicus*) in the East China Sea and the Japan/East Sea [J]. Fisheries oceanography, 11 (6): 347 - 353.

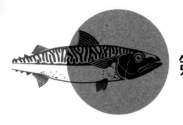

第九章　东海日本鲭繁殖群体生物学特征的年代际变化

利用 1960—2012 年间 3 个时间段共 1 054 尾东海日本鲭（*Scomber japonicus*）繁殖群体的基础生物学数据，对其群体组成、肥满度、性比、性成熟长度等繁殖特征的年代际变化进行了研究。结果表明：随着时间的推移，东海日本鲭繁殖群体的年龄结构和优势年龄组、肥满度指数、最小和平均性成熟长度都呈现出逐渐下降的趋势。各年代的性比均符合 1∶1 关系（$P>0.05$），但呈现升高的趋势。与前 2 个年代相比，21 世纪初期有大量 1 龄鱼加入繁殖群体，这有助于提高繁殖群体的数量。各年代的雌雄鱼性成熟长度之间无显著性差异（$P>0.05$），但最小和平均性成熟长度均表现为雄鱼略大于雌鱼。面对近 50 年来不断增强的捕捞压力，日本鲭主要采取降低性成熟年龄、提高性腺指数、增加群体中的雌性比例、提高相对繁殖力和减小卵径等自身调节机制来保持种群的延续。针对上述日本鲭繁殖群体的生物学长期变化特征，为了保持该鱼类资源的种群平衡和渔业可持续利用，文章提出了 3 点渔业管理建议，分别是控制中上层渔业捕捞努力量并制定渔船及网具标准、在主要产卵场设立产卵亲体保护区及在幼鱼索饵场建设立特殊禁渔期、针对日本鲭渔业实施 TAC 管理制度。

日本鲭（*Scomber japonicus*）在中国近海均有分布，属于大洋暖水性中上层鱼类，是中国东海、黄海最重要的经济鱼类之一。东海、黄海的日本鲭群体分为闽南-粤东近海地方种群和东海群（郑元甲等，2014）。闽南-粤东近海地方种群的整个生命过程都在闽南-粤东近海度过，资源数量相对较少；东海群具有在东海、黄海长距离洄游的特性，资源数量较大，是东海、黄海等沿海地区的重要捕捞对象（农牧渔业部水产局等，1987；郑元甲等，2003）。本章主要以东海群为研究对象。自 20 世纪 80 年代以来，东海区鲐鱼（以日本鲭为主）的渔获量呈现逐渐上升的趋势，2010 年以来的年产量保持在 30 万 t 以上的高位水平（李建生等，2014a）。20 世纪 50 年代以来，针对东海群系的日本鲭已经开展了大量的研究工作。其中，对于繁殖群体生物学和繁殖力特征，20 世纪 50 年代日本学者江波（西海区水产研究所，2001）、20 世纪 80 年代王为祥、汪伟洋等（邓景耀等，1991）和丁仁福等（农牧渔业部水产局等，1987）、2014 年李建生等（李建生等，2014a；李建生等，2015a）进行了相关研究。同时，近年来李建生等（李建生等，2014b；李建生等，2014c）对台湾海峡日本鲭产卵群体生物学特征现状、黄海北部日本鲭繁殖群体生物学特征的年代际变化进行了研究。国外学者也对日本鲭的性成熟年龄（Watanabe et al.，2006）、繁殖参数（Shiraishi T et al.，2005）、性腺发育特征和性别变化（Kobayashi et al.，2011）、产卵群体数量变动（Hiyama et al.，2002）等与繁殖生物学相关的特征进行了研究。本章通过统计分析 1960—2012 年间 3 个时间段的东海中部日本鲭繁殖群体生物学数据，来解析日本鲭繁殖群体在群体结构、性成熟年龄、性比、性成熟长度等方面对不断增加的捕捞压力的响应和个体调节机制，从而为日本鲭资源的生态保护和渔业可持续利用措施的制订提供科学依据。

第一节　材料与方法

一、材料来源

本章的日本鲭取样年代分别是 20 世纪 60 年代（1960—1961 年）、20 世纪 70—80 年代（1978—1984 年）、21 世纪初期（2010—2012 年）；取样海域均为东海中部海域（28°00′—30°00′N、125°00′E 以西）；各年份日本鲭样品的取样时间均在其繁殖盛期（4—5 月），利用围网生产渔获物进行随机取样。样品测定的基础生物学数据主要包括性别、性腺成熟度、叉长（L）、体质量（W）、纯体质量（W_N）等。由于在繁殖盛期，性腺成熟度Ⅱ期及以下个体（性未成熟个体）不会发育至成熟并参与繁殖。因此，在数据统计过程中，去除样品中性未成熟个体的数据，用于本章统计的各年代实际性成熟样品数分别为 450 尾、341 尾、263 尾。

二、数据公式

本研究主要涉及肥满度指数计算、叉长和体质量关系拟合，因此主要计算公式如下：

肥满度公式：
$$K=\frac{W_N}{L^3}\times10^5 \tag{9-1}$$

叉长-体质量公式：
$$W=aL^b \tag{9-2}$$

其中，L 代表叉长，单位为 mm；W、W_N 分别代表体质量和纯体质量，单位为 g。叉长单位精确到 1 mm，质量单位精确到 0.1 g。

优势叉长组界定原则如下：根据平均组高来界定优势组，大于平均组高值即可定义为优势组。其中，平均组高＝100％/组数。

利用统计软件 SPSS 18.0 进行数据检验分析，对统计数据再利用 Microsoft office Excel进行图件的绘制。

第二节　结果与分析

一、群体结构变化

自 20 世纪 60 年代至 21 世纪初期，随着时间的推移，东海日本鲭繁殖群体的最大叉长、最小叉长、叉长范围、平均叉长、平均体重等均呈现出逐渐减小的趋势（表 9-1）。而从优势叉长组来看（图 9-1），20 世纪 60 年代，优势叉长组有 2 个，分别为 300～320 mm（占 40.22％）和 350～380 mm（占 29.33％）；20 世纪 70—80 年代，优势叉长组 1 个，为 300～350 mm，占 84.46％；21 世纪初期，优势叉长组 1 个，为 260～300 mm，占 64.26％。

表 9−1　各年代东海日本鲭繁殖群体生物学特征的变化

指标	1960—1961 年	1978—1984 年	2010—2012 年
叉长范围/mm	290～425	280～388	248～352
平均叉长/mm	336.38±1.50	327.53±0.93	289.34±1.63
平均体质量/g	560.11±8.58	500.07±4.63	314.28±6.22
平均纯体质量/g	479.85±7.35	428.62±3.83	267.19±5.13
a	5×10^{-6}	8×10^{-5}	4×10^{-5}
b	3.175 8	2.705 7	2.783 7
$W-L$ 相关系数 R	0.93	0.83	0.81
肥满度指数 K	1.22	1.21	1.08
雌雄性比	0.88	0.96	1.23

为了比较不同年代之间日本鲭繁殖群体叉长-体质量关系的差异，利用协方差分析对它们两两进行差异性检验。其中 $\log W$ 为因变量，年代为固定因素，$\log L$ 为协变量。结果表明：20 世纪 60 年代和 70—80 年代的叉长-体质量关系不存在显著性差异（$F=0.265$，$P>0.05$）；20 世纪 60 年代和 21 世纪初期的叉长-体质量关系存在显著性差异（$F=75.269$，$P<0.001$）；20 世纪 70—80 年

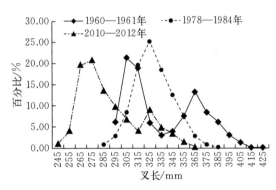

图 9−1　各年代东海日本鲭繁殖群体叉长百分比组成

代和 21 世纪初期的叉长-体质量关系存在显著性差异（$F=100.983$，$P<0.001$）。从叉长-体质量关系式中的系数 a 和幂指数 b 的变化（表 9−1）来看，两者表现出相反的变化趋势，前者先升高后降低，后者则先降低再升高；后 2 个年代与 20 世纪 60 年代相比，a 值总体表现出升高的趋势，b 值总体表现出降低的趋势。

二、肥满度变化

从各年代间日本鲭繁殖群体的肥满度指数 K 的变化来看，从 20 世纪 60 年代到 20 世纪 70—80 年代，K 值略有降低，但是从 20 世纪 70—80 年代到 21 世纪初期，K 值则有较大幅度的降低，总体表现出逐渐减小的趋势（表 9−1）。从各年代东海日本鲭繁殖群体肥满度指数 K 随叉长的变化（图 9−2）可见，21 世纪初期各叉长组的 K 值均显著低于前 2 个年代（$P<0.01$）；

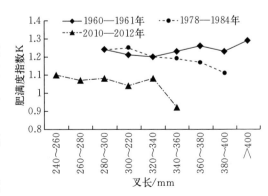

图 9−2　各年代东海日本鲭繁殖群体肥满度指数随叉长的变化

20 世纪 60 年代与 20 世纪 70—80 年代之间，280～360 mm 叉长组之间的 K 值无显著性差异（$P>0.05$），360～400 mm 叉长组，前者的 K 值显著大于后者（$P<0.01$）。

三、性比变化

从各年代东海日本鲭繁殖群体性比的变化（表 9-1）来看，卡方检验结果表明各年代的雌雄个体比例均符合 1∶1 关系（$\chi^2=0.64$、0.05、2.17，$P=0.42$、0.83、0.14>

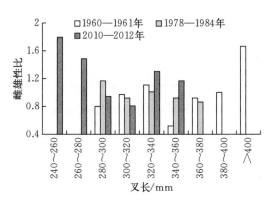

0.05），但随着时间的推移，性比呈现升高的趋势，也即雌鱼比例逐渐升高、雄鱼比例逐渐降低。从各年代东海日本鲭繁殖群体性比随叉长的变化（图 9-3）来看，20 世纪 60 年代，随着叉长组从 280～300 mm 增大到 320～340 mm，性比也逐渐增加，但均符合 1∶1 关系（$P>0.05$）；340～360 mm 叉长组，性比呈大幅降低趋势，且不符合 1∶1 关系（$P<0.05$）；叉长组从 360～380 mm 增大到 400 mm 以上，性比逐渐增加，但 360～400 mm 叉长组符合 1∶1 关系（$P>0.05$）而大于 400 mm 叉

图 9-3 各年代东海日本鲭繁殖群体性比随叉长的变化

长组不符合 1∶1 关系（$P<0.05$）。20 世纪 70—80 年代，各叉长组的性比变化幅度较小且均符合 1∶1 关系（$P>0.05$）。21 世纪初期，280 mm 以下叉长组，雌鱼比例明显较高，性比均不符合 1∶1 关系（$P<0.05$），叉长组从 240～260 mm 增大到 300～320 mm，性比呈现逐渐减小趋势，320～340 mm 叉长组的性比又大幅增加且不符合 1∶1 关系（$P<0.05$），320～340 mm 叉长组的性比又开始降低且符合 1∶1 关系（$P>0.05$）。

四、性成熟长度变化

从各年代东海日本鲭繁殖群体性成熟长度的变化（表 9-2）来看，随着时间的推移，雌雄鱼的最小性成熟长度均呈现持续减小的趋势，但不同年代间的变化幅度有所差异：从 20 世纪 60 年代至 20 世纪 70—80 年代，减小的幅度较小，雌雄鱼均减小 2 mm；从 20 世纪 70—80 年代至 21 世纪初期，均表现出大幅度减小的趋势，雌鱼减小了 32 mm，雄鱼减小了 38 mm。平均性成熟长度与最小性成熟长度的变化趋势基本一致。各年代的雌雄鱼性成熟长度之间无显著性差异（$P>0.05$），但最小和平均性成熟长度均基本表现为雄鱼略大于雌鱼。

表 9-2 各年代东海日本鲭繁殖群体性成熟长度的变化

叉长	性别	1960—1961 年	1978—1984 年	2010—2012 年
最小性成熟长度/mm	雌鱼	292	280	248
	雄鱼	290	288	250

（续）

叉长	性别	1960—1961 年	1978—1984 年	2010—2012 年
平均性成熟长度/mm	雌鱼	336.19	327.22	288.12
	雄鱼	336.55	327.43	290.85

第三节　繁殖特征变化和合理利用建议

一、日本鲭繁殖群体结构的变化

根据日本鲭生长方程，把叉长转换成年龄（郑元甲等，2013）可知，20 世纪 60 年代，东海日本鲭繁殖群体的年龄组成为 2~7 龄，优势组为 2~5 龄；20 世纪 70—80 年代，东海日本鲭繁殖群体的年龄组成为 1~6 龄，优势组为 2~4 龄；21 世纪初期，东海日本鲭繁殖群体的年龄组成为 1~4 龄，优势组为 1~2 龄。由此可以看出，随着时间的推移，东海日本鲭繁殖群体的年龄结构和优势年龄组都呈现出下降的趋势，这与黄海北部日本鲭产卵群体自 20 世纪 50 年代以来的年龄组成结构变化趋势（李建生等，2014c）是类似的。20 世纪 50—60 年代，东海区捕捞日本鲭的作业方式由国有渔业公司利用围网进行试验性捕捞，仅有少量船只进行该作业；20 世纪 70—80 年代，国有渔业公司开始大规模组建机轮围网船队专门捕捞日本鲭等中上层鱼类，高峰期有 70 组机轮围网渔船；21 世纪以来，随着国有渔业公司的生产重点转向远洋渔业，近海日本鲭的捕捞转变为以群众渔业为主的灯光围网生产，东海区的围网作业渔船规模达 1 400 余艘（李建生等，2014a）。由此可见，近 50 年来东海区对日本鲭等中上层鱼类的捕捞强度逐渐加大，同时其产量也逐步提高。上述因素是导致日本鲭繁殖群体的年龄组成结构不断下降的主要原因。同时日本鲭繁殖群体伴随着大量性成熟年龄降到 1 龄、个体绝对繁殖力逐步下降、相对繁殖力不断提高、卵径减小等现象（李建生等，2014a；西海区水产研究所，2001；李建生等，2015a）。由此可见，日本鲭平均繁殖年龄的下降和一系列繁殖特征的变化是与人类对生态系统的干扰活动密不可分的，也是日本鲭在外界环境胁迫压力下的自身调节机制的体现。

二、日本鲭繁殖群体相关生物学特征的变化

相关研究显示，鱼类的肥满度指数 K 和性腺指数的变化呈现相反的趋势（殷名称，2000）。本章研究表明，东海日本鲭繁殖群体的肥满度指数 K 随着时间的推移呈现逐渐降低的趋势，因此间接说明其性腺指数有升高的趋势。对黄海北部日本鲭繁殖群体生物学特征的年代际变化研究结果也表现出了上述的趋势（李建生等，2014c）。由于针对中上层鱼类的捕捞强度逐渐增加、近年来日本鲭产量持续维持在高位水平，因此日本鲭通过调节性腺和躯体之间的能量比例，增大性腺所占的能量比来进行自身调节以应对高强度的捕捞压力（殷名称，2000）。性比的不稳定性是一种生态适应，它既决定于种的演化历史，又决定于种群所处的环境条件。种群通过性产物的自动调节方式，改变性比结构，有助于在条

件急剧改变时保持种群的延续（殷名称，2000）。本研究中各年代东海日本鲭繁殖群体性比变化结果说明，群体中的雌鱼所占比例随时间推移逐渐增加。这可能是随着捕捞努力量的加大，面对生存压力，日本鲭为了维持种群对生存环境的适应性，在性别分化上选择更加倾向于雌性的繁殖策略，来不断增加产卵亲体的数量，以排放更多的鱼卵来保证种群数量的稳定。长期来看，东海日本鲭的生长条件因子 a 表现出增加的趋势，这说明在目前东海区主要底层鱼类仍处于严重衰退（郑元甲等，2013）的条件下，日本鲭的捕食竞争压力较小、饵料来源充足，有利于个体的生长；又长-体重关系式中的幂指数 b 表现出降低的趋势，b 值存在差异性与不同生长阶段和相对应营养条件的变化有关（詹秉义，1995）。

三、日本鲭合理利用建议

在目前东海、黄海底层鱼类资源依然处于严重衰退的情况下（郑元甲等，2013），日本鲭作为东海、黄海重要的经济鱼类之一，其捕捞产量占中上层鱼类产量的 20％以上（郑元甲等，2014），对海洋渔业生产具有重要的意义。本研究结果显示，当前东海日本鲭繁殖群体年龄结构趋于简单、生物学特征处于明显退化、性比逐渐失衡。在此情况下，今后如何合理利用该资源是渔业管理者必须思考的问题。作为科研工作者，对于东海、黄海日本鲭的科学合理利用提出以下管理建议：（1）控制专门针对中上层鱼类作业的捕捞努力量和制定渔船及网具标准。近 50 年来，东海区专门针对中上层鱼类的围网作业的捕捞努力量呈现持续增加的趋势（李建生等，2014a；程家骅等，2006），主要表现在渔船数的增加、船只功率的增强、捕捞网具和灯光强度的增大，近年来的捕捞努力量持续维持在高位水平。因此需评估最适捕捞努力量，合理控制作业规模。由于近年来海洋渔业捕捞技术的不断提高和新技术的利用，部分专门捕捞鲐鲹鱼作业的围网渔船机械化程度达到较高的水平（张海波，2009），同时捕捞网具更大、灯光更强，对鲐鲹鱼资源以及其他海洋鱼类造成较大的伤害。因此有必要对该类作业控制作业规模，并对灯光强度、网目尺寸等作出限制。（2）在东海、黄海日本鲭的主要产卵场设立产卵亲体保护区及在幼鱼索饵场建立特殊禁渔期。产卵亲体和幼鱼的保护对于渔业资源种群的合理利用具有重要的意义。由于日本鲭个体繁殖力巨大，生长速度较快（李建生等，2014a），因此通过保护产卵亲体和幼鱼能够更加有效地激发其资源潜力。（3）尽快把日本鲭渔业的管理引入 TAC 管理。TAC 管理是通过限制渔获量来进行渔业资源管理的一种制度，与传统的捕捞许可证制度、禁渔期、禁渔区等管理措施有着本质的不同，即从控制投入转向控制产出（唐建业等，2000），它是当前世界渔业管理的主要发展趋势。日本、韩国均已在 20 世纪 90 年代末期对鲐鱼（日本鲭和澳洲鲐 *Scomber australasicus*）资源实施了 TAC 管理（陈思行，1998；韩保平，1999）。中国作为负责任的渔业大国，为了保护并可持续利用中上层渔业资源，有必要对东海、黄海中上层鱼类的主要种类日本鲭实行 TAC 管理。

参 考 文 献

陈思行，1998. 日本的 TAC 制度 [J]. 海洋渔业，20 (4)：181 - 186.

程家骅，张秋华，李圣法，等，2006. 东黄海渔业资源利用 [M]. 上海：上海科技出版社：155-170.

邓景耀，赵传细，1991. 海洋渔业生物学 [M]. 北京：中国农业出版社：413-452.

韩保平，1999. 韩国的 TAC 制度 [J]. 海洋渔业，21（1）：45-46.

李建生，胡芬，严利平，2014a. 台湾海峡中部日本鲭产卵群体生物学特征的初步研究 [J]. 应用海洋学学报，33（2）：198-203.

李建生，胡芬，严利平，等，2014. 东海中部日本鲭（*Scomber japonicus*）产卵群体繁殖力特征 [J]. 渔业科学进展，35（6）：10-15.

李建生，严利平，胡芬，2014b. 黄海北部日本鲭繁殖群体生物学特征的年代际变化 [J]. 中国水产科学，21（3）：567-573.

李建生，严利平，胡芬，等，2015. 温台渔场日本鲭的繁殖群体生物学特征 [J]. 中国水产科学，22（1）：99-105.

农牧渔业部水产局，农牧渔业部东海区渔业指挥部，1987. 东海区渔业资源调查和区划 [M]. 上海：华东师范大学出版社：392-400.

唐建业，黄硕琳，2000. 总可捕量和个别可转让渔获配额在我国渔业管理中应用的探讨 [J]. 上海水产大学学报，24（2）：125-129.

西海区水产研究所，2001. 东海・黄海主要水产资源的生物、生态特性——中日间见解的比较 [M]. 日本长崎：日本纸工印刷：438-448.

殷名称，2000. 鱼类生态学 [M]. 北京：中国农业出版社：105-127.

詹秉义，1995. 渔业资源评估 [M]. 北京：中国农业出版社.

张海波，2009. 群众渔业深水灯光围网渔船动力装置配备 [J]. 现代渔业信息，24（9）：16-18.

郑元甲，陈雪忠，程家骅，等，2003. 东海大陆架生物资源与环境 [M]. 上海：上海科学技术出版社：348-357.

郑元甲，洪万树，张其永，2013. 中国海洋主要底层鱼类生物学研究的回顾与展望 [J]. 水产学报，37（1）：151-160.

郑元甲，李建生，张其永，等，2014. 中国重要海洋中上层经济鱼类生物学研究进展 [J]. 水产学报，38（1）：149-160.

HIYAMA Y，YODA M，OHSHIMO S，2002. Stock size fluctuations in chub mackerel (*Scomber japonicus*) in the East China Sea and the Japan/East Sea [J]. Fisheries oceanography，11（6）：347-353.

KOBAYASHI T，ISHIBASHI R，YAMAMOTO S，et al.，2011. Gonadal morphogenesis and sex differentiation in cultured chub mackerel，*Scomber japonicas* [J]. Aquaculture research，42：230-239.

SHIRAISHI T，OHTA K，YAMAGUCHI A，et al.，2011. Reproductive parameters of the chub mackerel *Scomber japonicus* estimated from human chorionic gonadotropin - induced final oocyte maturation and ovulation in captivity [J]. Fisheries science，（71）：531-542.

WATANABE C，YATSU A，2006. Long - term changes in maturity at age of chub mackerel (*Scomber japonicus*) in relation to population declines in the waters off Northeastern Japan [J]. Fisheries research，（78）：323-332.

图书在版编目（CIP）数据

东海区日本鲭繁殖生物学特征研究／李建生等著.
北京：中国农业出版社，2024. 6. -- ISBN 978 - 7 - 109
- 32037 - 6

Ⅰ. Q959.483

中国国家版本馆 CIP 数据核字第 2024YA9505 号

东海区日本鲭繁殖生物学特征研究
DONGHAIQU RIBENQING FANZHISHENGWUXUE TEZHENG YANJIU

中国农业出版社出版

地址：北京市朝阳区麦子店街 18 号楼
邮编：100125
责任编辑：杨晓改　林维潘
版式设计：杨　婧　　责任校对：吴丽婷
印刷：中农印务有限公司
版次：2024 年 6 月第 1 版
印次：2024 年 6 月北京第 1 次印刷
发行：新华书店北京发行所
开本：787mm×1092mm　1/16
印张：6.25
字数：140 千字
定价：68.00 元